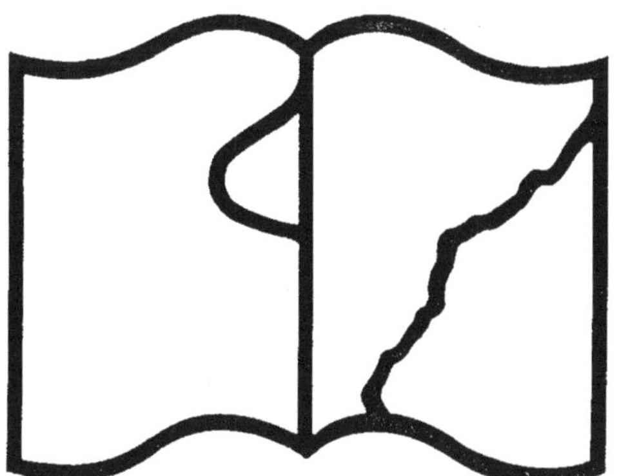

Texte détérioré — reliure défectueuse

NF Z 43-120-11

COLLECTION D'OUVRAGES CLASSIQUES

RÉDIGÉS EN COURS GRADUÉS

CONFORMÉMENT AUX PROGRAMMES OFFICIELS

PREMIÈRES
NOTIONS DE SCIENCES

A L'USAGE DES ÉLÈVES

SE PRÉPARANT AU CERTIFICAT D'ÉTUDES PRIMAIRES

PAR UNE RÉUNION DE PROFESSEURS

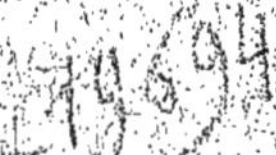

TOURS | PARIS

MAISON A. MAME & FILS | J. DE GIGORD

IMPRIMEURS-ÉDITEURS | RUE CASSETTE, 15

ET CHEZ LES PRINCIPAUX LIBRAIRES

Nº 200

PREMIÈRES

NOTIONS DE SCIENCES

N° 200

Tout exemplaire qui ne sera pas revêtu de la signature ci-dessous sera réputé contrefait.

EXTRAIT DU CATALOGUE

Lecture.

Livrets (3) de Lecture.
Syllabaire, in-18.
Nouveau Syllabaire, in-16.
Premier Livre de Lecture, in-18.
Vie de N.-S. Jésus-Christ, in-18.
Devoirs du Chrétien, in-12.
Lectures conrantes : Cours élémentaire et moyen, 2 vol. in-12.
Lect. instructives (manuscrit), in-12.

Langue française.

Abrégé de Grammaire, in-18.
Grammaire française, in-12.
Cours élém. d'Orthographe, in-12.
Cours interméd. d'Orthographe, in-12.
Cours d'Analyse, in-12.
Exercices orthographiques, 2 vol. in-12.
Leçons de Langue française : Cours élémentaire, moyen, supérieur, complémentaire, 4 vol. in-12.

Hist. sainte et Hist. de France.

Petite Histoire sainte, in-18.
Histoire sainte illustrée : Cours préparatoire, élémentaire, moyen, 3 vol. in-12.
Cours supérieur d'Hist. sainte, in-12.
Histoire sainte et de France, in-18.
Histoire de France illustrée : Cours préparatoire, élémentaire, moyen, supérieur, 4 vol. in-12.
Chronologie de l'Histoire de France, in-12.

Géographie.

Géographie : Cours élémentaire, moyen, supérieur, 3 vol. in-18, in-16, in-12.
Géographie-Atlas : Cours préparatoire, élémentaire, moyen et supérieur, 4 vol. in-4°.
Atlas B, C, D, E, in-4°, contenant : 30, 50, 100, 150, cartes.

Mathématiques.

Petite Arithmétique, in-18.
Abrégé d'Arithmétique, in-18.
Exercices de Calcul, in-18.
Recueil de Problèmes, in-18.
Petit Système métrique, in-18.
Les Fractions, in-18.
Traité d'Arithmétique décimale, in-12.
Arithmétique : Cours élémentaire, moyen et supérieur, 3 vol. in-18, in-16, in-12.
Recueil de Problèmes, in-12.
Géométrie : Cours élément., moyen et supérieur, 3 vol. in-12.
Manuel d'Arpentage, in-12.
Cours élémentaire de Tenue des livres, in-12.
Éléments d'Arithmétique, d'Algèbre, de Géométrie, de Trigonométrie, d'Arpentage, de Géométrie descriptive, de Cosmographie, de Mécanique, 8 vol. in-12.
Tables des logarithmes, in-12.

COLLECTION D'OUVRAGES CLASSIQUES

RÉDIGÉS EN COURS GRADUÉS

CONFORMÉMENT AUX PROGRAMMES OFFICIELS

PREMIÈRES

NOTIONS DE SCIENCES

A L'USAGE DES ÉLÈVES

SE PRÉPARANT AU CERTIFICAT D'ÉTUDES PRIMAIRES

PAR UNE RÉUNION DE PROFESSEURS

<table>
<tr><td>TOURS</td><td>PARIS</td></tr>
<tr><td>MAISON A. MAME & FILS</td><td>J. DE GIGORD</td></tr>
<tr><td>IMPRIMEURS-ÉDITEURS</td><td>RUE CASSETTE, 15</td></tr>
</table>

ET CHEZ LES PRINCIPAUX LIBRAIRES

PRÉFACE

A l'école primaire, l'enseignement des sciences se fait surtout par les *leçons de choses* et au moyen d'expériences élémentaires, réalisées avec des appareils très simples. Mais, après la leçon orale donnée par le maître, il importe que l'élève ait en mains, sous une forme brève et récapitulative, la substance de cette leçon ; une sorte de résumé qu'il puisse confier à sa mémoire. Telle nous semble l'utilité de ce livre.

Il débute par une rapide vue d'ensemble sur le système astronomique et la place occupée par notre globe dans le monde visible. Puis on aborde l'étude descriptive du corps humain, sa charpente, son admirable structure, ses fonctions organiques. Après l'homme, se présentent à notre observation les animaux et les plantes, groupés suivant la méthode scientifique ; puis les minéraux et, comme application directe, le travail du sol par les procédés de l'agriculture et de l'horticulture. On s'arrête ensuite à considérer les principales manifestations de l'énergie dans le monde inorganique : phénomènes relatifs à la pesanteur, à la chaleur, à l'acoustique, à l'optique et à l'électricité ; dans chacun de ces vastes domaines, on fait remarquer quel parti l'homme a su tirer des forces naturelles, surtout par les récentes inventions. Enfin l'étude des propriétés générales des métalloïdes et des métaux les plus connus termine ce modeste ouvrage.

Pour justifier le titre de *Notions,* la rédaction en est simple, claire, concise, sans avoir la sécheresse d'un tableau synoptique. Peu de détails techniques, trop spéciaux au laboratoire ou à l'atelier ; peu de termes scientifiques, sauf ceux employés dans le langage usuel. Des faits d'expérience et des applications pratiques, plutôt que des définitions, des formules, ou des exposés de principes. Ne pouvant viser à être complet, nous avons cherché à être exact, afin que l'élève reçoive une initiation suffisante, prenne goût à l'étude des

sciences, et puisse compléter plus tard les premières con-
naissances acquises.

Une large part est faite à l'illustration : sujets distincts ou
groupés par famille, figures pittoresques ou schématiques,
selon que le réclame le texte. Parler aux yeux des enfants
par les objets matériels ou, à leur défaut, par l'image, c'est
un moyen aisé d'en compléter la description écrite et de
faciliter les questions du professeur.

Lors même que la leçon orale aurait déjà été exposée par
le maître, il est utile que les élèves fassent une lecture
publique du manuel. Cette lecture s'accompagne d'interro-
gations sur le sens des mots et des expressions; de quelques
développements sur les déductions à tirer de tel fait ou de
tel phénomène, dont le livre n'offre qu'un résumé. Quand
les explications du maître ont donné aux élèves la complète
intelligence du texte, il est prêt à entrer dans leur mémoire :
ce qui a été lu et compris doit être appris. Des exercices de
contrôle terminent la leçon : questions diverses, à résoudre
oralement ou par écrit; petits sujets de rédaction, qui néces-
sitent un exercice d'attention autant que de mémoire et obli-
gent l'enfant à un travail personnel. Nous avons cru avanta-
geux de laisser ces divers exercices à l'initiative du maître.

C'est par l'observation et l'expérience raisonnée que les
sciences naturelles et physiques se sont développées. Un des
résultats de leur étude est aussi d'éveiller chez l'élève, et
dans la mesure qui convient, cet esprit d'observation et de
réflexion qui est d'une si grande importance dans la pratique
de la vie.

TABLE DES MATIÈRES

L'UNIVERS

Coup d'œil sur le monde visible.

L'HOMME

CHAPITRE I

Races humaines.

Organisation du corps humain.

CHAPITRE II

Digestion.

CHAPITRE III

Circulation.

CHAPITRE IV

Respiration.

CHAPITRE V

Système nerveux.

LES ANIMAUX

CHAPITRE I

Classification. — Vertébrés.

Mammifères.

CHAPITRE II

Oiseaux.

CHIMIE

PREMIÈRES

NOTIONS DE SCIENCES

NATURELLES ET PHYSIQUES

L'UNIVERS

COUP D'ŒIL SUR LE MONDE VISIBLE

1. Les astres. — Le Soleil qui nous éclaire, la Lune et les étoiles qui brillent dans la nuit, la Terre que nous habitons, sont des **astres**. L'ensemble de tous les astres est appelé **univers**.

Les astres se meuvent dans l'espace, avec des vitesses considérables. La science qui étudie leur mouvement se nomme **astronomie**.

Pour observer les astres, les *astronomes* se servent de longues lunettes ou *télescopes*, qui permettent de rapprocher les objets et les font paraître beaucoup plus gros qu'on ne les voit habituellement.

2. Le Soleil. — Le Soleil (fig. 1) est un astre, en forme de boule, dont la surface est embrasée ; il distribue autour de lui la lumière et la chaleur.

Le volume du Soleil est de un million trois cent mille

Fig. 1. — Le **Soleil**.
Son diamètre égale 108 fois celui de la Terre.

fois celui de la Terre, et il en est éloigné d'environ cent cinquante millions de kilomètres. Il fait un tour sur lui-même en vingt-cinq jours, et se dirige vers un point du ciel qui nous est inconnu.

3. La Terre. — La **Terre** (fig. 2), elle aussi, est une boule, légèrement aplatie, qui n'est pas lumineuse par elle-même, mais dont le Soleil éclaire et échauffe la surface.

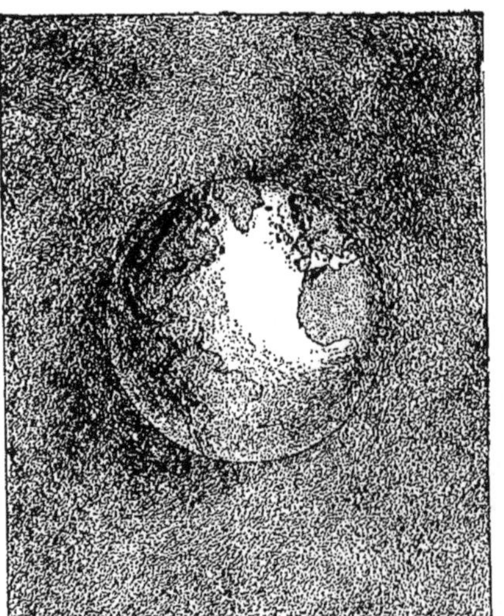

Fig. 2. — **La Terre** dans l'espace.

Elle a plus de quarante mille kilomètres de tour. Les eaux couvrent les quatre cinquièmes de son étendue.

On appelle **atmosphère** la couche d'air, de plus de cent kilomètres de hauteur, qui enveloppe la Terre.

La Terre a deux mouvements : 1° elle fait un tour

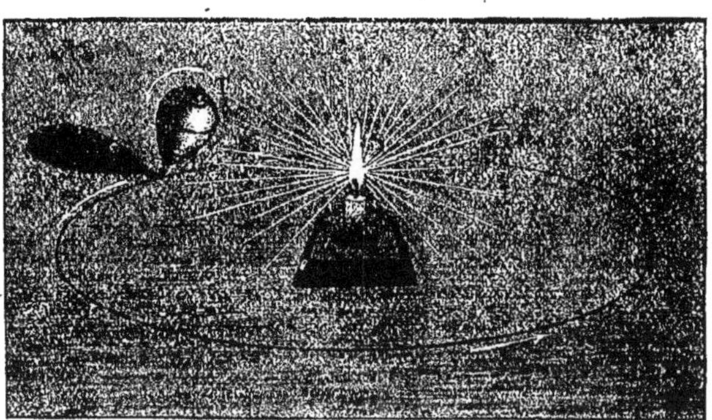

Fig. 3. — Une toupie, tournant sur elle-même et décrivant une ellipse autour d'un flambeau, représente assez bien le double mouvement de la Terre.

sur elle-même en vingt-quatre heures : c'est le **mouvement diurne** ou **rotation**; 2° elle se meut autour du

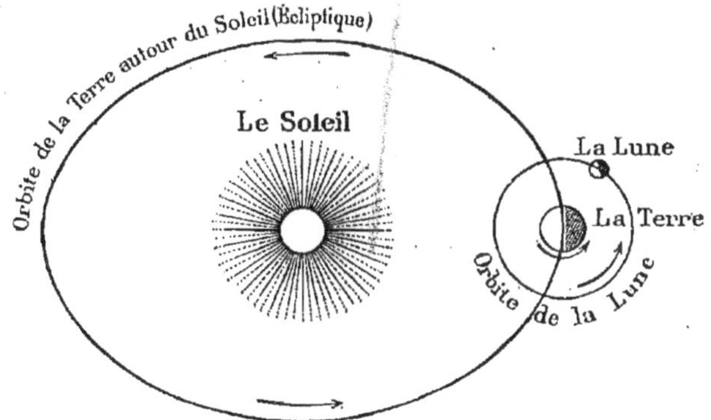

Fig. 4. — Mouvements de la Terre et de la Lune.

Soleil, et met une année entière à faire ce tour qu'on appelle **révolution.**

Une toupie qui tourne sur elle-même et dont la pointe parcourt une *ellipse* (fig. 3) donne une idée des mouvements de la Terre.

Dans son mouvement de *rotation*, la Terre présente successivement au Soleil les différents points de sa surface, dont une moitié est éclairée et l'autre dans l'ombre : c'est ce qui produit le **jour** et la **nuit** (fig. 4).

Dans sa *révolution annuelle*, les différentes contrées de la Terre reçoivent plus ou moins directement les rayons du Soleil; c'est ce qui produit les **saisons** : le printemps, l'été, l'automne et l'hiver.

4. Les planètes. — La Terre n'est pas le seul astre qui tourne autour du Soleil, les astronomes en ont découvert plus de huit cents autres, la plupart très petits ; on les appelle **planètes**. Les principales planètes visibles à l'œil, et connues depuis longtemps, sont : Mercure, Vénus, (la Terre), Mars, Jupiter, Saturne, Uranus.

5. Satellites. — Si les planètes tournent autour du Soleil, il y a aussi d'autres astres plus petits qui tournent autour des planètes et les accompagnent dans leur course ; on les appelle des **satellites**. Ainsi la Lune est le satellite de la Terre. Les satellites ne sont pas lumineux par eux-mêmes ; comme les planètes, ils reçoivent la lumière du Soleil.

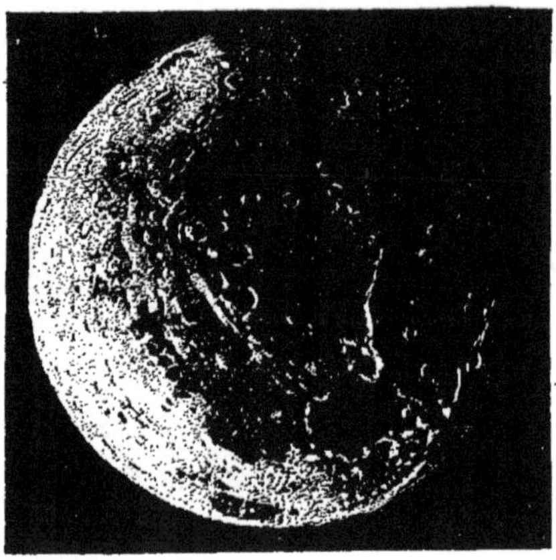

Fig. 5. — La Lune.

Son volume est le 1/50 de celui de la Terre.

6. La Lune. — La Lune (fig. 5) paraît grande relativement aux astres, parce qu'elle n'est éloignée de la Terre que de quatre cent mille kilomètres. Son volume est le cinquantième de celui de la Terre. Elle tourne sur elle-même d'un mouvement uniforme en vingt-sept jours environ, et dans le même temps elle fait un tour entier autour de la Terre.

La Lune nous renvoie la lumière qu'elle reçoit du Soleil. Suivant sa position par rapport à nous, elle paraît plus ou moins éclairée : c'est ce qu'on appelle les **phases** de la Lune.

La Lune et le Soleil exercent une *attraction* sur l'Océan et produisent les **marées**, qui soulèvent et abaissent successivement les eaux de la mer en vingt-quatre heures cinquante minutes.

Comme la Terre, la Lune présente des plaines, des montagnes, des volcans éteints ; mais on croit qu'elle n'a ni eau, ni atmosphère.

7. Éclipses. — Lorsque, dans les mouvements continuels des astres, la Lune vient à passer devant le Soleil et le cache en tout ou en partie, on dit qu'il y a **éclipse de Soleil.**

L'éclipse de Lune est produite par l'ombre de la Terre qui parfois rencontre la surface de la Lune.

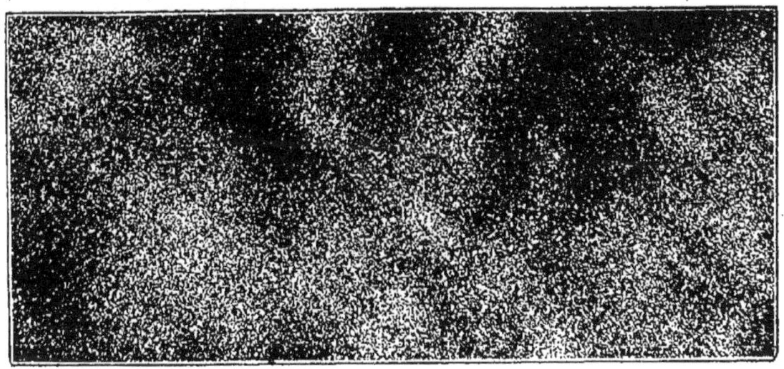

Fig. 6. — Photographie d'un amas d'étoiles, dans une région de la voie lactée.

8. Étoiles. — Les **étoiles** sont, comme le Soleil,

des astres lumineux par eux-mêmes. Elles se meuvent dans l'espace suivant des lois qui nous sont encore inconnues. Il y a des millions d'étoiles : Dieu seul en connaît le nombre.

Elles sont extrêmement éloignées de nous. On dit que l'étoile la plus rapprochée de la Terre en est éloignée de vingt-huit mille fois la distance moyenne de la Terre au Soleil.

9. Origine des mondes. — C'est Dieu qui a créé, c'est-à-dire fait de rien, tous les astres du ciel, ainsi que la Terre que nous habitons. Il a ensuite créé l'homme et lui a donné la libre possession de la terre, et la faculté d'étudier toutes les merveilles de la création.

10. Les sciences naturelles. — Les objets naturels dont l'étude est la plus intéressante pour nous sont : d'abord le corps de l'homme lui-même ; puis les animaux, les plantes et les matériaux divers que l'on trouve à la surface de la terre et dans ses profondeurs.

11. Les trois règnes de la nature. — Sur la terre il existe des êtres *animés* qui commencent à vivre, grandissent et meurent : ce sont les *animaux* et les *végétaux*.

Les autres êtres de la terre qui n'ont pas la vie, sont les *minéraux*.

Les **animaux** respirent et se nourrissent ; ils possèdent la sensibilité et le mouvement volontaire, éprouvent le plaisir et la douleur, et peuvent se déplacer.

Les **végétaux** respirent et se nourrissent ; mais ils n'ont ni sensibilité ni mouvement volontaire.

Les **minéraux** n'ont aucune des facultés des êtres animés ; ils sont inertes.

Tous ces êtres forment les trois règnes de la nature : le **règne animal**, le **règne végétal** et le **règne minéral**.

RÉSUMÉ

Le Soleil, la Lune et les étoiles sont des astres qui se meuvent dans l'espace.

Le Soleil est une immense boule embrasée qui répand la chaleur et la lumière.

La Terre tourne sur elle-même en un jour, et autour du Soleil en une année.

Les planètes sont des astres qui, comme la Terre, tournent autour du Soleil; elles sont parfois accompagnées de satellites.

La Lune est le satellite de la Terre; elle nous renvoie la lumière qu'elle reçoit du Soleil.

Les étoiles sont des astres lumineux, en nombre prodigieux, qui sont extrêmement éloignés de nous.

C'est Dieu qui a créé l'univers, et donné à l'homme la faculté de l'étudier.

Les sciences naturelles étudient les trois règnes de la nature : les animaux, les végétaux et les minéraux.

L'HOMME

CHAPITRE I

RACES HUMAINES
ORGANISATION DU CORPS HUMAIN

1. Place de l'homme dans la création. —
— L'homme, l'être le plus parfait de la création, est
doué d'une âme intelligente, libre et immortelle. Il est
capable de connaître Dieu son auteur, de discerner le
bien du mal, de réfléchir, de raisonner.

Par son organisation physique, l'homme se rapproche
des animaux; mais il s'en distingue par des organes
plus parfaits et par le don de la *parole*.

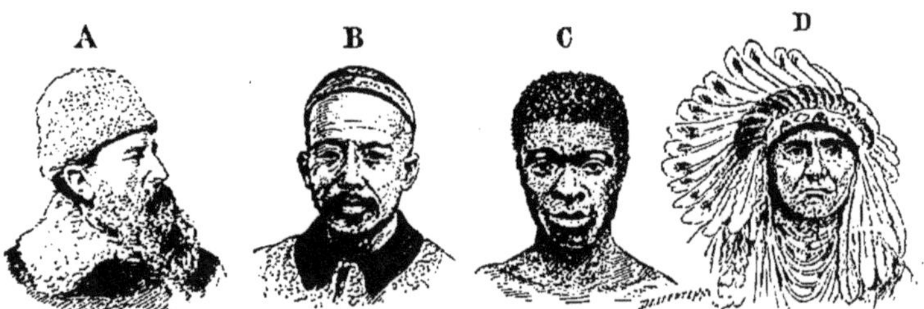

Fig. 1. — Types des races humaines :

A. Race blanche ou caucasique. — B. Race jaune. *Chinois d'origine mand-*
chone. — C. Race noire. *Nègre du Loango.* — D. Race rouge. *Peau-Rouge*
de l'Amérique du Nord.

2. Races. — L'humanité tout entière est issue
d'Adam et Ève, créés par Dieu lui-même.

Quelques légères différences extérieures, telles que la

couleur de la peau, la nature des cheveux, ont fait diviser les hommes en quatre races principales (fig. 1) :

La **race blanche** ou **caucasique**, qui peuple l'Europe et une partie de l'Asie ;

La **race jaune** ou **mongolique**, répandue en Chine et au Japon ;

La **race noire** ou **africaine**, qui habite l'Afrique centrale et quelques îles de l'Océanie ;

La **race rouge** ou **américaine**, qui tend à disparaître peu à peu des deux Amériques.

3. Squelette. — Le *corps* de l'homme est soutenu par une charpente solide, formée par un ensemble d'os, le **squelette**.

Os. — Un os est composé : 1° d'une matière minérale dure : le phosphate et le carbonate de calcium ; 2° d'une matière molle, l'osséine.

Le squelette se divise en trois parties : la *tête*, le *tronc* et les *membres*.

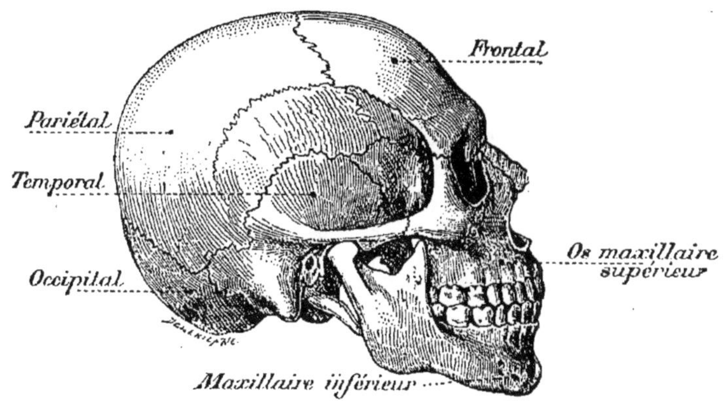

Fig. 2. — Os de la tête.

4. Tête. — La tête est formée par les os du *crâne* et ceux de la *face* (fig. 2).

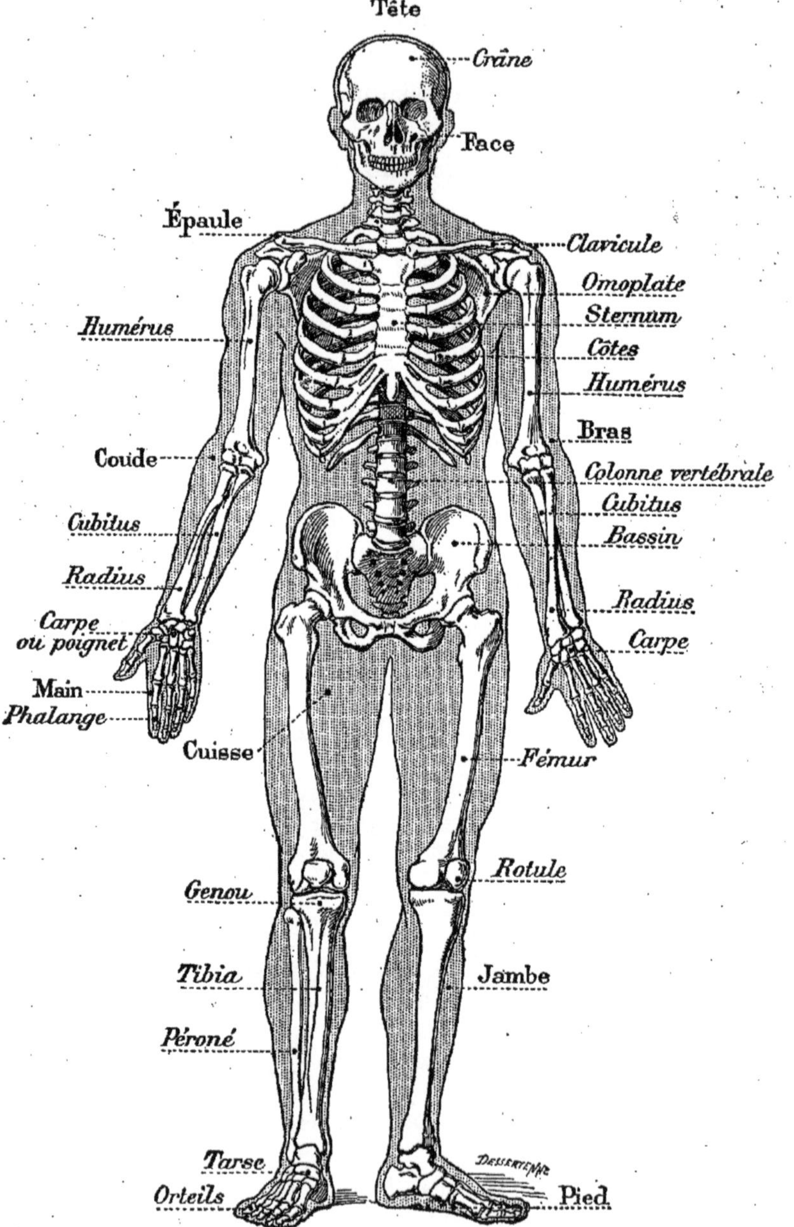

Fig. 3. — **Squelette de l'homme.**

Les principaux os du **crâne** sont : le *frontal* en avant, l'*occipital* en arrière, les deux *pariétaux* sur les côtés, et les *temporaux* au-dessous des pariétaux.

Les principaux os de la **face** sont : les deux *jugaux* ou os des joues, les *nasaux* ou os du nez, les *maxillaires* supérieur et inférieur qui portent les dents. Le maxillaire inférieur est seul mobile.

La face renferme plusieurs cavités : la *bouche,* où se trouvent la langue et les dents ; les *orbites,* qui contiennent les yeux ; les *fosses nasales* ou cavités du nez.

5. Tronc. — Le **tronc** est formé par la **colonne vertébrale**, composée de trente-trois petits os, appelés **vertèbres**, empilés les uns sur les autres (fig. 4).

Douze paires de *côtes*, en forme d'arcs de cercle, réunissent la colonne vertébrale au *sternum,* en avant de la poitrine.

La cage osseuse formée par la colonne vertébrale, les côtes et le sternum, s'appelle le **thorax**.

6. Membres. — Les membres supérieurs ou **bras** se composent des os de l'épaule : *omoplate*, en arrière ; *clavicule,* en avant ; de l'*humérus,* os du bras ; du *cubitus* et du *radius,* os de l'avant-bras ; du *carpe* ou poignet, terminé par la main.

Les doigts sont formés de trois *phalanges*, à l'exception du pouce, qui n'en a que deux.

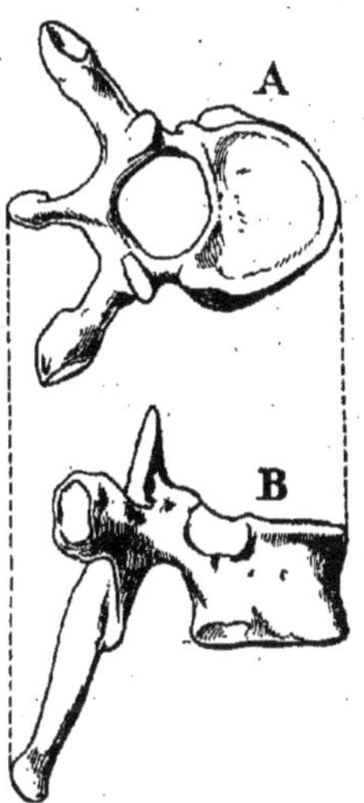

Fig. 4.

Vertèbre dorsale (la septième).
A. vue par-dessus.
B. vue de face.

Les membres inférieurs ou **jambes** comprennent le *bassin,* os de la hanche ; le *fémur,* os de la cuisse ; le *tibia* et le *péroné ;* le genou est protégé en avant par la *rotule ;* le pied termine la jambe. Les orteils sont formés de phalanges, comme les doigts.

7. Articulations. — On appelle **articulation** l'assemblage de deux ou plusieurs os : des bandelettes appelées *ligaments* les attachent les uns aux autres et limitent leurs mouvements.

8. Muscles. — Les **muscles** (ou chair) sont des faisceaux de *fibres* ressemblant à des fils, ayant la propriété de s'allonger et de se raccourcir sous l'influence de la volonté ou des excitants nerveux.

Ils sont terminés par des *tendons* attachés aux os. Les contractions ou les dilatations des muscles mettent les os en mouvement.

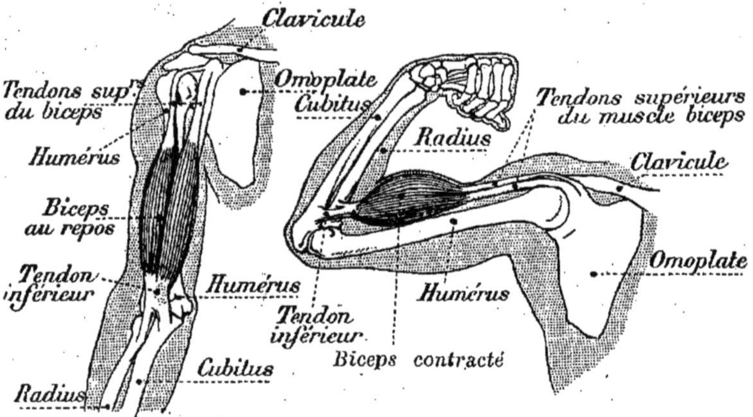

Fig. 5. — **Muscle** avec ses tendons (biceps du bras).

C'est ainsi que le bras, la jambe, peuvent se couder, s'allonger, se relever (fig. 5).

9. Peau. — La **peau** qui enveloppe tout le corps est formée de deux parties : l'*épiderme*, couche mince qui recouvre le *derme* plus épais.

Elle est percée de petites ouvertures nommées **pores**, qui laissent écouler la *sueur* et les *matières grasses* (fig. 6).

10. Hygiène des mouvements et de la peau. — **L'hygiène** est l'étude et l'emploi des moyens propres à conserver la santé.

L'un des meilleurs moyens hygiéniques d'éviter les maladies, c'est l'**exercice**. Sous son influence les muscles se développent, s'assouplissent, et tous les organes du corps remplissent mieux leurs fonctions.

L'exercice par excellence est la **marche** modérée ; on la complète par la *course*, le *saut*, la *natation*, la *gymnastique* sous toutes ses formes.

L'exercice appelle le *repos* ; le **sommeil** est le repos par excellence, lorsqu'il n'est pas trop prolongé et qu'il s'accomplit pendant la nuit. Sa durée est variable suivant l'âge, le tempérament et le genre de travail. Il doit être en moyenne de dix à douze heures pour l'enfant, et de sept à huit heures pour l'adulte.

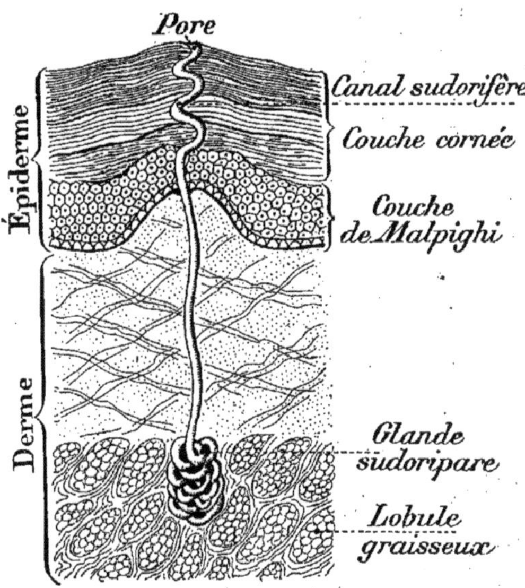

Fig. 6.

Coupe de la **peau** avec une **glande sudoripare** (très grossie).

La peau est constamment couverte de sueur et de matières grasses qui se mélangent aux poussières. L'enduit qui se forme ainsi bouche les pores de la peau, et empêche la transpiration qui est indispensable à la santé. Des *bains*, des *lavages* fréquents, des *frictions à l'eau froide* et au savon nettoient la peau et lui permettent de remplir ses fonctions.

RÉSUMÉ

L'homme est constitué comme les animaux ; mais il leur est supérieur par l'ensemble de ses organes, surtout par son âme intelligente, libre et capable de connaître Dieu son auteur.

D'après la couleur de la peau, on distingue les races humaines : blanche, jaune, noire et rouge.

Le squelette est l'ensemble des os; il se divise en trois parties : tête, tronc et membres supérieurs et inférieurs. Des ligaments rattachent les os entre eux, et des muscles contractiles et dilatables les font mouvoir. La peau enveloppe tout le corps.

L'hygiène prescrit l'exercice, un sommeil suffisant et la propreté de la peau.

CHAPITRE II

LA DIGESTION

11. Aliments. — Pour entretenir sa vie et développer ses organes, l'homme doit faire usage d'**aliments** variés.

Le règne *minéral* lui fournit l'eau et le sel. Le règne *végétal* lui donne le pain, les fruits, les légumes, les huiles, etc. Il trouve dans le règne *animal :* les viandes, le lait, le beurre, les œufs.

Les aliments qui contiennent beaucoup d'azote, comme la viande, les œufs, le pain, sont appelés **aliments plastiques**, parce qu'ils développent les muscles et contribuent à donner au corps sa forme spéciale.

Les aliments qui ne contiennent pas d'azote, comme le beurre, les graisses, les huiles, le sucre, sont des **aliments respiratoires**; ils sont brûlés dans la respiration, et produisent de la chaleur.

Un **aliment complet** contient des substances plastiques et des substances respiratoires; tels sont : le pain, les œufs, le lait. Consommés seuls, ils pourraient entretenir la vie.

Les boissons complètent les aliments.

La **digestion** est la transformation des aliments en parties nutritives, qui sont assimilées, et en parties non nutritives ou déchets, qui doivent être expulsées.

12. Appareil digestif. — L'appareil dans lequel se fait la digestion est un tube qui comprend : la *bouche*, l'*œsophage*, l'*estomac*, l'*intestin* et quelques *glandes* (fig. 8).

La **bouche** renferme la langue et les dents.

Les **dents**, au nombre de vingt chez l'enfant, sont de trente-deux chez l'homme.

D'après leurs formes, on distingue trois espèces de dents : les *incisives*, les *canines* et les *molaires* (fig. 7).

L'**œsophage** est un canal cylindrique de 25 centimètres de longueur,

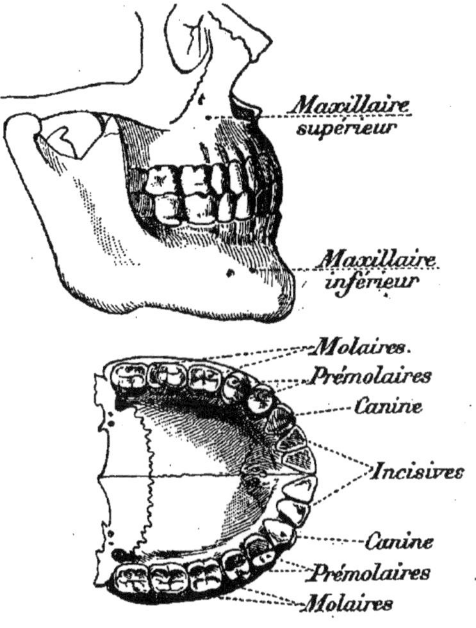

Fig. 7.

Mâchoire et dents de l'homme.

qui fait communiquer la bouche avec l'estomac. Son ouverture inférieure est le *cardia*.

L'**estomac** est une poche membraneuse, ayant la forme d'une cornemuse. Il est placé dans l'abdomen ; sa capacité est de 2 à 3 litres. Il s'ouvre dans l'intestin par le *pylore*.

L'**intestin**, la partie la plus longue du tube digestif, se divise en *intestin grêle*, ayant quatre ou cinq fois la longueur du corps, et en *gros intestin*, beaucoup plus court.

Les **glandes** sont : les trois paires de *glandes salivaires*, qui déversent la *salive* dans la bouche ; les *glandes de l'estomac*, qui sécrètent le *suc gastrique* ; le *foie* et le

pancréas, qui fournissent la *bile* et le *suc pancréatique.*
Les *glandes intestinales* sécrètent le *suc intestinal,* qui se
mêle aux sucs précédents.

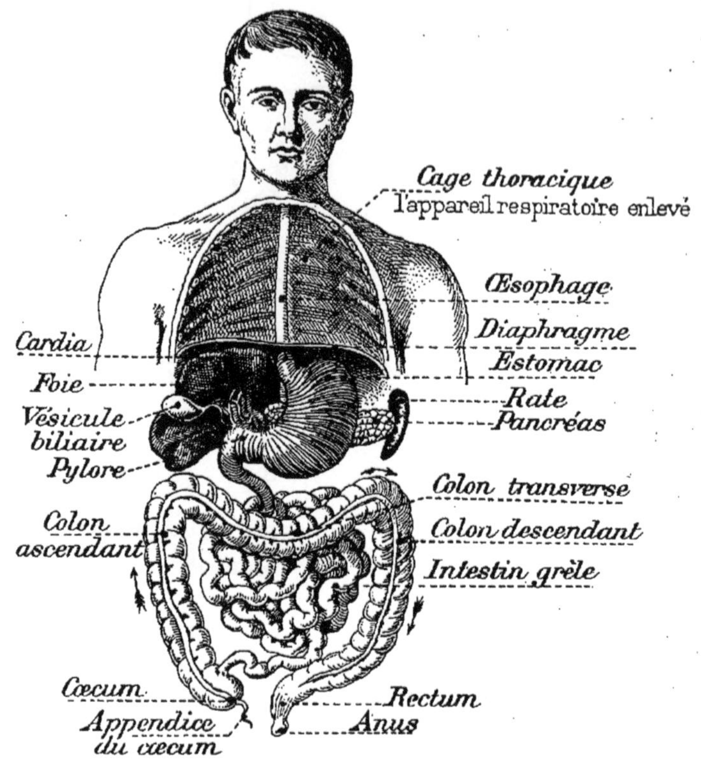

Fig. 8. — **Appareil digestif** de l'homme.

Un muscle, le **diaphragme**, placé au-dessus de l'estomac, sépare le thorax de l'abdomen.

13. Phénomènes digestifs. — Les aliments,
introduits dans la bouche, sont broyés par les dents et
mélangés avec la salive, qui commence la transformation
des matières *féculentes* en sucre (fig. 9).

Le *bol alimentaire,* ainsi préparé, traverse l'œsophage
et pénètre dans l'estomac par le *cardia.*

Le suc gastrique se mêle aux aliments et attaque les *matières azotées*, qui forment bientôt une bouillie acide nommée **chyme**.

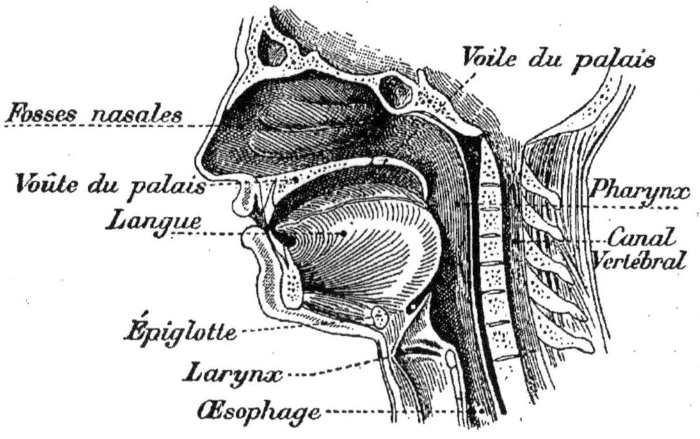

Fig. 9. — **Nez, bouche et œsophage**, vus en coupe.

Les contractions de l'estomac poussent le chyme dans l'intestin, où il se mélange avec la bile du foie et le suc pancréatique, qui transforment les *matières grasses*.

Les aliments se divisent alors en deux parties : un liquide blanc comme le lait, nommé **chyle**, qui renferme toutes les parties nutritives qui doivent être mêlées au sang ; et des *déchets* qui seront expulsés.

14. Absorption. — Le chyle traverse les parois de l'intestin, et remplit des vaisseaux appelés *vaisseaux chylifères*, qui écoulent leur contenu dans le sang, avec lequel il se mélange.

15. Hygiène des repas. — Les repas doivent être *réguliers*, c'est-à-dire pris aux mêmes heures.

Trois repas par jour sont suffisants pour les adultes ; les enfants doivent manger plus souvent.

Il faut manger lentement et bien mâcher les aliments.

Le repas du soir doit être léger.

Un exercice modéré ou le repos facilitent la digestion.

Un bain chaud ou froid, pris après le repas, peut provoquer une congestion mortelle.

Les dents doivent être tenues dans un grand état de propreté et lavées souvent.

16. Les boissons. — **L'eau naturelle** est la boisson par excellence ; elle est indispensable à l'homme ; en effet, l'eau constitue plus des deux tiers du poids du corps humain. Il ne faut boire que pour apaiser la soif : tout excès de boisson fatigue les organes, surtout l'estomac.

Boissons artificielles. — Les boissons artificielles sont : les *boissons aromatiques,* les *boissons fermentées* et les *boissons distillées.*

Les **boissons aromatiques** sont des *infusions* dans l'eau bouillante, de graines, de feuilles, de fleurs parfumées.

Les principales sont : le café, le thé, les feuilles de menthe, de verveine, les fleurs de tilleul (fig. 10).

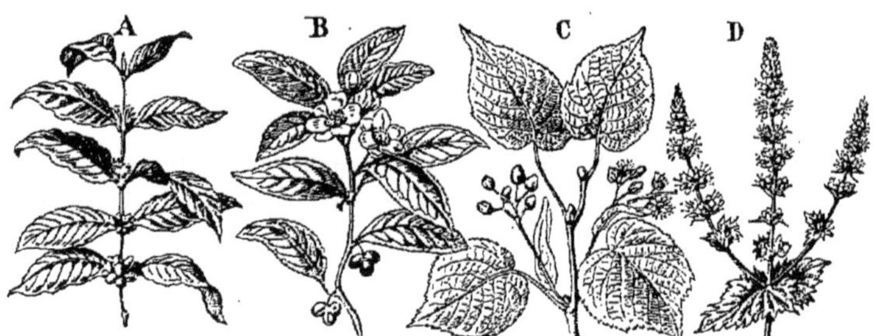

Fig. 10. — **Plantes pour infusions aromatiques.**
A. Café. — B. Thé. — C. Tilleul. — D. Menthe verte.

Ces infusions sont stimulantes et rafraîchissantes. Le café et le thé excitent le système nerveux ; ils deviennent dangereux quand on en abuse.

Les **boissons fermentées** sont obtenues par la transformation en *alcool* des jus frais du raisin, des poires, des pommes, etc. Le vin, le poiré, le cidre, la bière, sont appelés *boissons hygiéniques* (fig. 11).

Le **vin** pris modérément et étendu d'eau pendant les repas joue le rôle d'aliment. Il renferme de l'eau, du sucre, quelques sels et un peu d'alcool.

Le **cidre** est une bonne boisson ; il renferme moins d'alcool que le vin et le poiré.

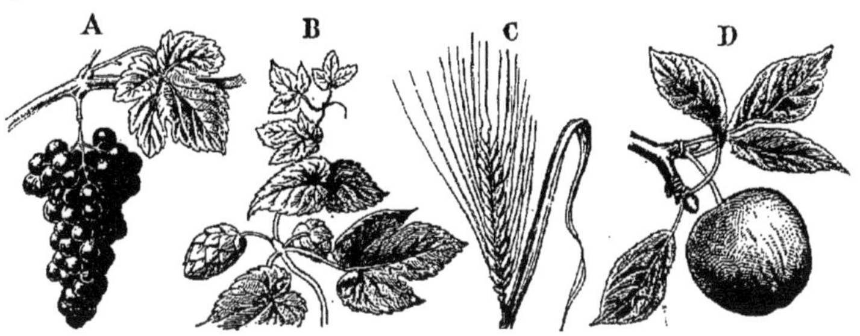

Fig. 11. — **Plantes pour boissons hygiéniques.**
A. Raisin. — B. Houblon et C. Orge. — D. Pomme.

La **bière**, préparée par la fermentation du jus sucré de l'orge germée, est riche en matières nutritives, mais contient souvent trop d'alcool.

Ces boissons, prises modérément pendant les repas, stimulent l'estomac et favorisent la digestion.

Les **boissons distillées** (alcools) sont extraites des boissons fermentées, ou des fruits, des marcs, des graines, soumis à la fermentation, et qu'on chauffe dans un alambic. On obtient ainsi l'eau-de-vie de vin (cognac), de cidres et poirés (marcs), de cerises (kirsch), de mélasse de canne à sucre (rhum).

L'**alcool** n'est pas un aliment ; au lieu d'apporter de l'eau dans les organes, il en enlève toujours. Les fruits conservés dans l'alcool se rident et se durcissent, parce que l'alcool leur a enlevé une partie de leur eau.

Les essences que l'on mêle aux alcools pour fabriquer les *liqueurs* sont plus ou moins des poisons (absinthe, anis, amandes amères).

Toutes ces boissons distillées sont donc dangereuses : leur abus altère les organes et produit l'*alcoolisme*, l'un des plus grands fléaux de l'humanité.

17. Alcoolisme. — L'alcoolisme altère la voix en irritant le larynx ; l'estomac se déforme, le foie se gonfle ou se durcit ; le système nerveux est attaqué ; la mémoire disparaît, l'intelligence s'affaiblit ; des tremblements nerveux, des accès de folie furieuse terminent fréquemment une vie misérable.

Les enfants des alcooliques sont souvent idiots, infirmes, exposés à la phtisie et aux maladies nerveuses.

RÉSUMÉ

La digestion transforme les aliments en un liquide qui se mélange au sang, et en parties non nutritives qui sont rejetées.

L'appareil digestif se compose du tube digestif et des glandes.

Le tube digestif comprend : la bouche, l'œsophage, l'estomac, l'intestin grêle et le gros intestin.

Les glandes sont : les glandes salivaires, celles de l'estomac, le foie, le pancréas et les glandes intestinales.

Dans la bouche, les aliments sont broyés et mélangés de salive.

Dans l'estomac, ils s'imprègnent de suc gastrique et se transforment en chyme.

Dans l'intestin, le chyme, sous l'influence de la bile, du suc pancréatique et du suc intestinal, se transforme en chyle, liquide blanc qui se mélange avec le sang.

Les repas doivent être réglés, les aliments bien mâchés. Un exercice modéré facilite la digestion.

L'eau pure est la boisson naturelle.

Les boissons aromatiques sont rafraîchissantes et stimulantes ; on les prépare avec des infusions de graines, de feuilles ou de fleurs (café, thé, tilleul).

Les boissons fermentées favorisent la digestion ; elles proviennent de la fermentation des jus de fruits ou de graines (vin, cidre, poiré, bière).

Les boissons distillées sont dangereuses. On les extrait des boissons et des fruits fermentés (alcool, eau-de-vie, rhum).

L'alcoolisme est l'abus des boissons distillées ; il exerce des effets désastreux sur la santé et l'intelligence.

CHAPITRE III

LA CIRCULATION

18. Définition. — Le sang chargé des produits de la digestion les porte dans toutes les parties du corps, et rapporte les parties usées qui doivent être rejetées.

Ce mouvement du sang est la **circulation**.

19. Sang. — Le sang est un liquide rouge, formé de deux parties : un liquide incolore, et des *globules rouges* qui lui donnent sa couleur. Si on l'abandonne à l'air, il se coagule ; le liquide incolore, qu'on nomme *sérum*, surnage, et les globules forment une masse rouge, qui est le *caillot*.

On peut conserver le sang liquide en le battant, immédiatement après sa sortie des vaisseaux, avec un balai de fines brindilles ; des filaments blancs, élastiques, s'attachent au balai : c'est la *fibrine,* qui ressemble à la chair.

20. Appareil circulatoire. — Les organes de la circulation sont : le *cœur,* qui donne le mouvement au sang, et les *vaisseaux sanguins,* dans lesquels il circule.

Cœur. — Le cœur (fig. 12) est un muscle creux, de la grosseur du poing. Il est placé entre les deux poumons, la pointe en bas, un peu incliné à gauche.

Une cloison verticale divise le cœur en deux parties distinctes : le *cœur droit* et le *cœur gauche.* Chacun de ces cœurs comprend deux cavités : une *oreillette* en haut, un *ventricule* en bas. Ces cavités communiquent par une ouverture, fermée par une soupape ou valvule qui ne s'ouvre que de haut en bas.

Artères et veines. — Les **artères** sont des vaisseaux qui partent du cœur et se ramifient dans tout le corps. Les **veines**, au contraire, reviennent au cœur.

Leurs extrémités sont réunies par de petits conduits du diamètre d'un cheveu, et qu'on appelle **vaisseaux capillaires**.

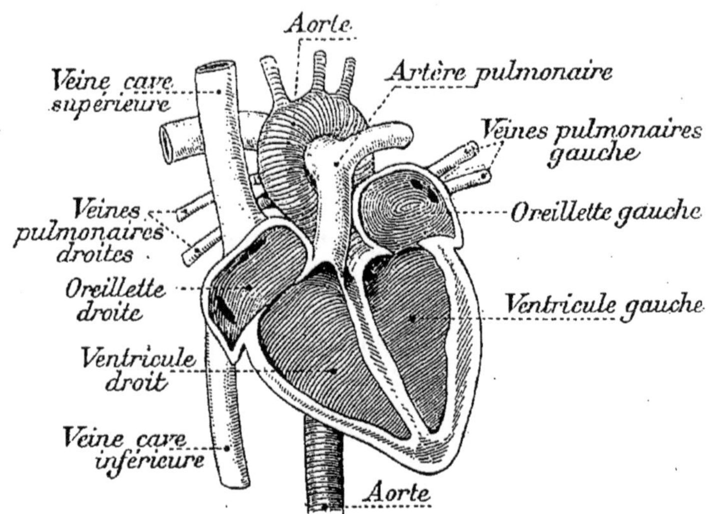

Fig. 12. — Section théorique du cœur.

Les contractions du cœur lancent le sang dans les artères, et les veines le ramènent au cœur.

Le sang a deux circulations : la *grande circulation* et la *petite circulation* (fig. 13).

21. Grande circulation. — Dans la **grande circulation**, le sang sort du ventricule gauche par l'artère aorte, se répand dans les organes, et revient par les veines caves à l'oreillette droite, chargé des produits de la digestion et des déchets qu'il a reçus en route.

Le sang qui coule dans l'artère aorte est rouge clair, c'est le **sang rouge**.

Il abandonne sur son parcours les principes nutritifs

qu'il porte, et se charge de gaz carbonique et de vapeur d'eau. Il devient alors rouge foncé : c'est le **sang noir**.

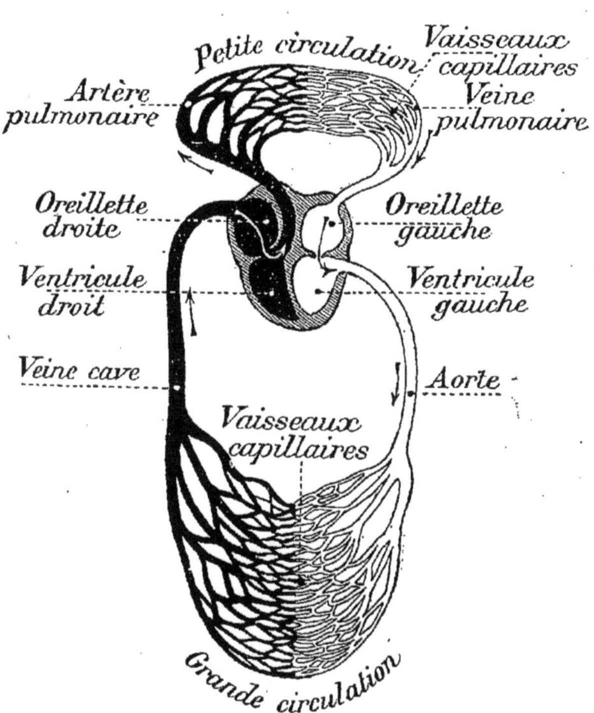

Fig. 13. — Schéma des **deux circulations** du sang.

22. Petite circulation. — Le sang vicié passe de l'oreillette droite dans le ventricule droit, puis dans l'artère pulmonaire, qui le porte dans les capillaires des poumons. Il s'y débarrasse du gaz carbonique. se charge d'oxygène et redevient rouge clair. Les veines pulmonaires le ramènent dans l'oreillette gauche, puis dans le ventricule gauche, pour recommencer la grande circulation.

Pouls. — Les contractions du cœur refoulent brusquement le sang dans les artères et produisent un choc appelé

pouls, sensible surtout lorsqu'on presse l'artère du poignet contre un os.

Chez l'adulte, les pulsations régulières varient de 60 à 70 par minute. Elles sont plus fréquentes chez les enfants, les vieillards et les malades.

23. Hygiène de la circulation. — Il faut éviter de ralentir la circulation du sang par des vêtements trop serrés (cravate, jarretières).

Le sang comprimé dans les veines produit des gonflements ou *varices* qui peuvent se rompre : il faut les maintenir par des bandes élastiques. Les gonflements des artères sont des *anévrismes* ; leur rupture dans les vaisseaux du cœur et du cerveau est ordinairement mortelle.

Les parois des artères sont épaisses et élastiques : une piqûre ou une coupure sur une artère détermine un jet de sang ; ces blessures sont dangereuses.

Les parois des veines sont minces et flasques ; lorsqu'elles sont coupées, le sang coule lentement, puis s'arrête par la formation d'un caillot.

RÉSUMÉ

Le sang est un liquide rouge qui coule dans les artères et dans les veines.

Le cœur est un muscle creux, divisé en deux parties : le cœur droit et le cœur gauche, renfermant chacun une oreillette et un ventricule.

Le sang est lancé par les contractions du cœur dans les artères, puis dans les vaisseaux capillaires et dans les veines qui le ramènent au cœur. Il y a deux circulations :

1° Dans la grande circulation, le sang artériel part du cœur gauche et revient au cœur droit à l'état de sang veineux.

2° Dans la petite circulation, le sang veineux est envoyé aux poumons par le cœur droit et revient purifié au cœur gauche.

Une cravate, des jarretières trop serrées gênent la circulation du sang.

CHAPITRE IV

LA RESPIRATION

24. But. — La respiration a pour effet de transformer le *sang vicié* en *sang pur*. Elle s'opère dans l'*appareil
respiratoire*.

25. Appareil respiratoire. — L'appareil respi-

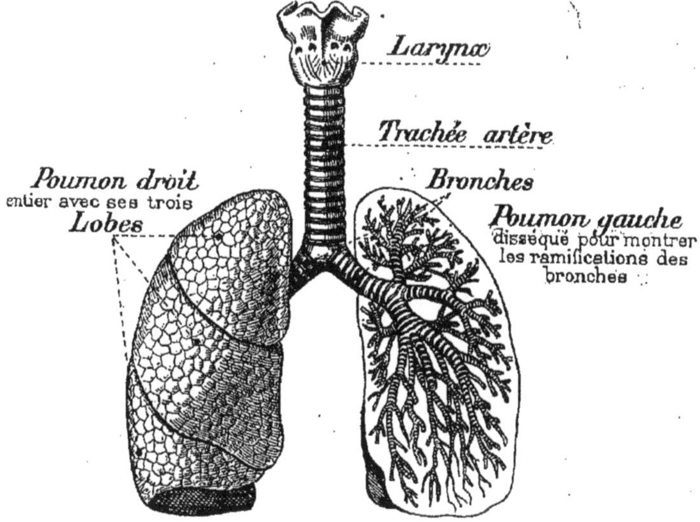

Fig. 14. — Appareil respiratoire.

ratoire est un ensemble de canaux dans lesquels circule l'air. Il se compose : des *fosses nasales*, de la *trachée-artère*, des *bronches* et des *poumons* (fig. 14).

Les **fosses nasales** sont les deux conduits du nez qui
s'ouvrent dans l'arrière-bouche.

La **trachée-artère**, placée en avant de l'œsophage, est formée par une suite d'anneaux cartilagineux. A la partie supérieure se trouve le **larynx**, organe de la voix.

La partie inférieure se divise en deux branches ou **bronches**.

Chaque bronche se subdivise en un grand nombre de canaux, de plus en plus étroits, terminés par de petites poches ou **vésicules pulmonaires** remplies d'air.

Les **poumons**, au nombre de deux, sont formés par l'ensemble des canaux et des vésicules pulmonaires. Ils sont enveloppés par une fine membrane, qu'on appelle la *plèvre*.

26. Mouvements respiratoires. — La respiration comprend deux mouvements : l'**inspiration** ou l'entrée de l'air pur dans les poumons, et l'**expiration** ou la sortie de l'air vicié.

Ces mouvements peuvent s'expliquer par le jeu d'un soufflet : lorsqu'on écarte les lames du soufflet, l'air se précipite à l'intérieur, c'est l'*inspiration;* lorsqu'on rapproche les lames, l'air comprimé est chassé, c'est l'*expiration.*

Dans le corps, les organes de ces mouvements sont les **côtes** et le **diaphragme.**

Pendant l'inspiration, les côtes se soulèvent et le diaphragme s'abaisse; l'air pénètre dans les poumons, qui se gonflent. Pendant l'expiration, les côtes et le diaphragme reprennent leur position primitive.

On compte quinze à vingt inspirations et expirations par minute.

27. Échange des gaz. — Le sang vicié est apporté dans les poumons par l'artère pulmonaire.

Les capillaires sanguins rampent sur les vésicules pulmonaires : c'est à travers ces parois très minces que se fait l'échange des gaz.

La vapeur d'eau et le gaz carbonique du sang vicié sont expulsés par l'expiration.

L'oxygène de l'air les remplace, et le sang noir redevient sang rouge.

On peut facilement prouver la présence de la vapeur d'eau et du gaz carbonique dans l'air expiré.

En plaçant devant la bouche un corps froid et poli, il se couvre d'une fine buée de *vapeur d'eau* sous l'influence de la respiration.

Si on souffle avec un tube dans un verre contenant de l'eau de chaux limpide, l'eau se trouble immédiatement, parce que le *gaz carbonique* forme avec la chaux du carbonate de calcium qui est blanc (fig. 15).

28. Chaleur animale. —

L'oxygène, conduit par le sang dans toutes les parties du corps, brûle les parties inutiles. Cette combustion produit la **chaleur animale**, qui est de $36°1/2$ à $37°1/2$ chez l'homme. Cette température peut augmenter de 3 à $4°$ dans la fièvre.

Fig. 15. — Le **gaz carbonique** qui se dégage dans la respiration trouble l'eau de chaux.

29. Hygiène de la respiration. — L'air respiré doit être pur : celui des montagnes et de la mer est salutaire.

Un air vicié ne purifie pas le sang ; il produit la pâleur du visage et l'*anémie*, si commune dans les villes.

Un appartement où l'on couche doit avoir environ 15 mètres cubes d'air par personne.

Les salles de réunion doivent être fréquemment aérées, surtout le soir, lorsque l'éclairage au gaz est abondant.

Il ne faut jamais allumer de brasiers dans les appartements, le gaz carbonique qui se dégage peut asphyxier.

Les poêles en fonte, quand on les fait rougir, donnent de l'oxyde de carbone, qui est très vénéneux.

Les fleurs sont dangereuses, la nuit, dans les chambres à coucher, parce qu'elles dégagent du gaz carbonique dans l'obscurité.

Le voisinage des marais donne souvent la fièvre par l'humidité et les miasmes qui s'en dégagent.

RÉSUMÉ

La respiration a pour but la transformation du sang noir en sang rouge.

L'appareil respiratoire comprend : les fosses nasales, la trachée-artère, les bronches, les poumons.

Les mouvements respiratoires sont l'inspiration et l'expiration. Leurs organes sont les côtes et le diaphragme.

L'échange des gaz se fait par les vésicules pulmonaires : le gaz carbonique est expulsé ; l'oxygène se mêle au sang.

La chaleur animale est d'environ 37° chez l'homme ; elle est le résultat de la combustion, par l'oxygène du sang, des parties usées du corps.

Les résultats de la respiration sont : la purification du sang et la production de la chaleur animale.

Les appartements où l'on séjourne doivent être assez vastes, et l'air doit y être renouvelé souvent.

Les becs de gaz, surtout les poêles en fonte et les brasiers qu'on allume dans les appartements, dégagent des gaz dangereux qui peuvent asphyxier.

On ne doit pas garder de fleurs, la nuit, dans les chambres à coucher.

CHAPITRE V

LE SYSTÈME NERVEUX

30. Sensibilité. — Quand nous nous piquons avec une aiguille, nous éprouvons de la douleur. Quand on nous parle, nous entendons et nous comprenons ce qu'on nous dit. Nous éprouvons du plaisir à contempler une belle fleur, et nous tendons la main pour la cueillir.

Cette faculté que nous avons de sentir les impressions du dehors et de nous déterminer se nomme **sensibilité** ; elle s'exerce par le *système nerveux*.

31. Système nerveux. — Le système nerveux

comprend : le *cerveau*, le *cervelet*, la *moelle épinière* et les *nerfs* (fig. 16).

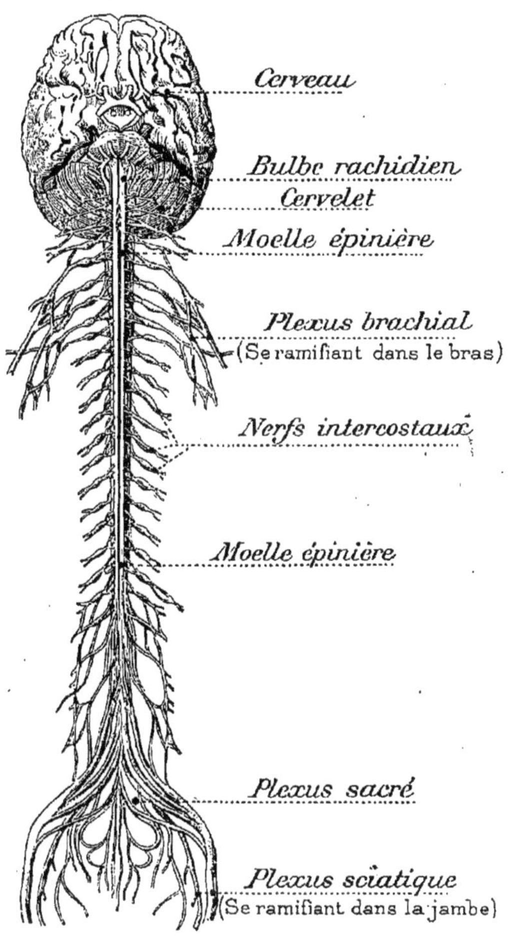

Fig. 16. — **Système nerveux** de l'homme.

Cerveau. — Le **cerveau** est une masse molle, *blanche* à l'intérieur, *grise* à l'extérieur, qui remplit la cavité du crâne ; un sillon profond le divise en deux parties ou *hémisphères cérébraux*. On trouve à sa surface un grand nombre de replis ou *circonvolutions*. Trois membranes, nommées *méninges*, l'enveloppent; leur inflammation produit la *méningite*, maladie très grave.

Le **cervelet**, de même substance que le cerveau, est placé au-dessous et en arrière de cet organe.

Le cerveau est le siège de l'intelligence; il reçoit toutes les impressions et commande tous les mouvements du corps. Il ne produit pas la pensée, comme les glandes produisent les humeurs; c'est l'âme qui pense, et le cerveau lui sert d'instrument.

Moelle épinière. — La **moelle épinière** est un cordon mou, blanchâtre, qui est la continuation du cerveau. Elle est logée dans la cavité de la colonne vertébrale.

Nerfs. — Les **nerfs** sont des filaments blancs qui sortent de la base du cerveau, ou de chaque côté de la moelle épinière. Ils se ramifient, s'entrelacent, en formant des *plexus,* et aboutissent à toutes les parties du corps.

Les uns, nommés **nerfs sensitifs**, portent au cerveau les impressions agréables ou désagréables. Les autres, nommés **nerfs moteurs**, transmettent aux muscles les ordres du cerveau pour les faire mouvoir.

Ainsi nous touchons un corps brûlant, l'impression douloureuse est portée au cerveau par un *nerf sensitif;* un *nerf moteur* donne immédiatement à la main l'ordre de s'éloigner du corps chaud.

32. Les sens. — L'homme possède cinq **sens** : le *toucher*, le *goût*, l'*odorat*, l'*ouïe* et la *vue*.

Les organes des sens reçoivent chacun des nerfs terminés d'une manière particulière.

33. Toucher. — Le toucher nous fait connaître la forme, la dureté, le poids, la température des corps. Son organe est la peau, dont toutes les parties sont sensibles, mais l'extrémité des doigts est particulièrement délicate.

34. Goût. — Ce sens nous fait apprécier les saveurs. Son organe est la **langue**; elle est couverte d'aspérités ou *papilles,* qui renferment la terminaison des nerfs (fig. 17).

Les aliments solubles dans la salive, comme le sucre, le sel, ont de la saveur ; les corps insolubles n'en ont pas.

35. L'odorat.— L'odorat a pour objet la perception des odeurs ; il a son siège dans le **nez** (fig. 18).

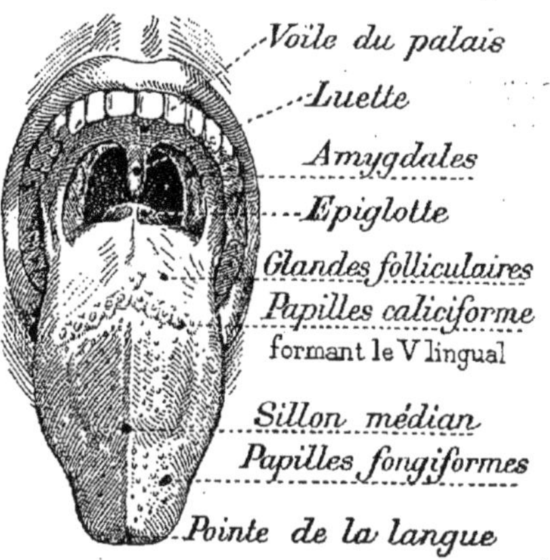

Fig. 17. — Organe du goût.

Ses deux cavités ou *fosses nasales* sont tapissées par une membrane délicate, dans laquelle se ramifie le

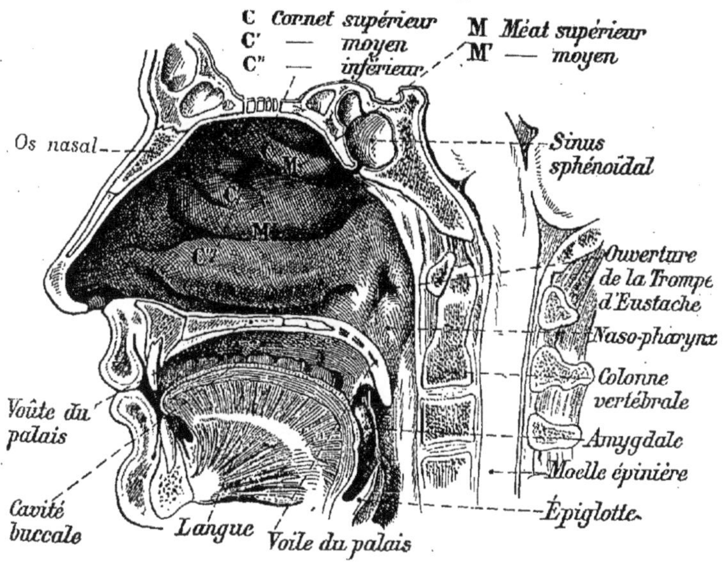

Fig. 18. — Organe de l'odorat.

nerf olfactif, qui porte l'impression des odeurs au cerveau.

36. Ouïe. — L'ouïe nous fait entendre les *sons.* Son organe est l'oreille, divisée en : *oreille externe, oreille moyenne* et *oreille interne* (fig. 19).

L'oreille **externe** comprend : le *pavillon* et le *canal auditif,* terminé par la membrane du *tympan.*

L'oreille **moyenne** contient une chaîne de quatre petits *osselets,* qui s'étend du tympan à l'oreille interne.

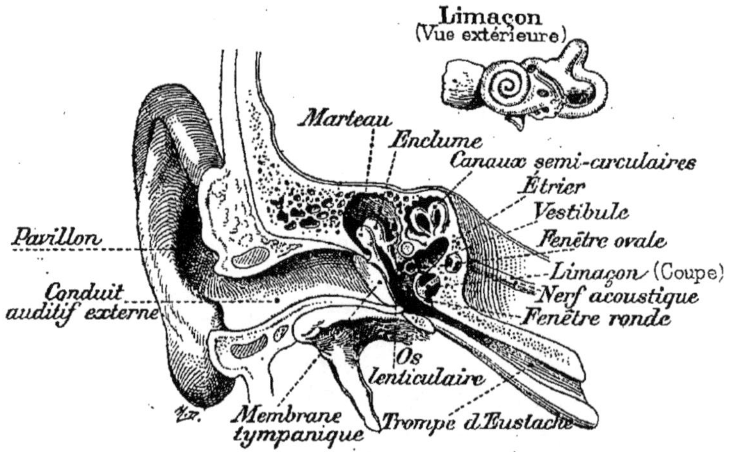

Fig. 19. — Organe de l'ouïe.

L'oreille **interne** est formée de plusieurs cavités, remplies d'un liquide et dans lesquelles se terminent les ramifications du *nerf acoustique.*

37. Vue. — La **vue** nous fait connaître la présence des corps, leur forme, leur couleur, leur distance.

L'œil est l'organe de la vue (fig. 20). C'est un globe enveloppé en grande partie par une membrane opaque, blanche, résistante : la *sclérotique* ou blanc de l'œil.

En avant, la sclérotique est transparente et se nomme *cornée.*

Derrière la cornée se trouve l'*iris*, membrane diversement colorée qui donne la couleur aux yeux.

L'iris est percée d'une ouverture appelée *pupille* ou *prunelle*, derrière laquelle se trouve le *cristallin*, lentille transparente.

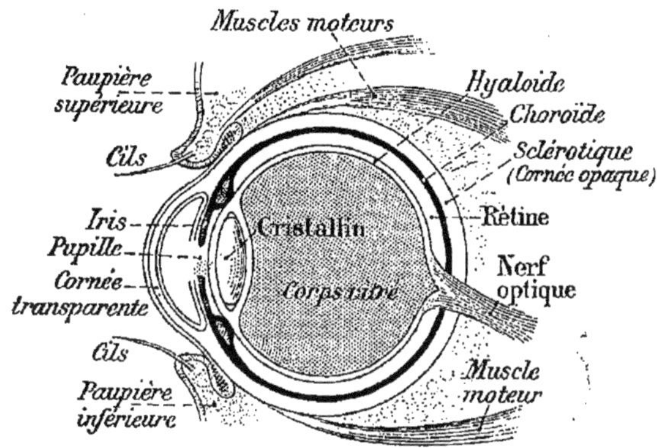

Fig. 20. — Coupe théorique de l'**œil humain**.

Un liquide épais, l'*humeur vitrée*, remplit la partie postérieure de l'œil. Le fond du globe est tapissé intérieurement par une membrane mince, la **rétine**, où se ramifie le *nerf optique*. C'est sur la rétine que se forment les images des objets que l'on regarde.

L'œil est protégé à l'extérieur par les *paupières*, les *cils* et les *sourcils*.

38. Hygiène du système nerveux. — Un *travail intellectuel* trop prolongé peut amener des troubles dans le cerveau. L'*abus du tabac* produit souvent la perte de la mémoire par l'action de la *nicotine* qu'il renferme. L'abus des *liqueurs alcooliques* est plus dangereux encore : il affaiblit la vue, conduit à la folie, et souvent à une mort prématurée.

39. Hygiène des sens. — La *peau* et le *nez* demandent une grande propreté.

Le sens du goût peut être diminué par l'abus des aliments trop épicés, des alcools et du tabac.

2*

Le *canal auditif* doit être nettoyé avec soin et débarrassé du *cérumen*, matière jaune qui s'y accumule et peut l'obstruer.

Il faut éviter de travailler à une lumière trop vive, qui blesse les yeux. On se garantit contre la lumière intense du soleil par des lunettes bleues ou vertes, ou légèrement fumées. La réflexion des neiges fatigue la vue en peu de temps, ainsi que les poussières soulevées par le vent.

Lorsqu'on lit ou qu'on écrit, il faut tenir le livre ou le cahier à une distance de 25 ou 30 centimètres. En s'habituant à ne voir que des objets très rapprochés, on devient **myope**.

Les vieillards, dont les yeux légèrement aplatis ne distinguent bien que les objets éloignés, sont **presbytes**.

On corrige la myopie par des lunettes à verres concaves; les lunettes des presbytes sont à verres convexes.

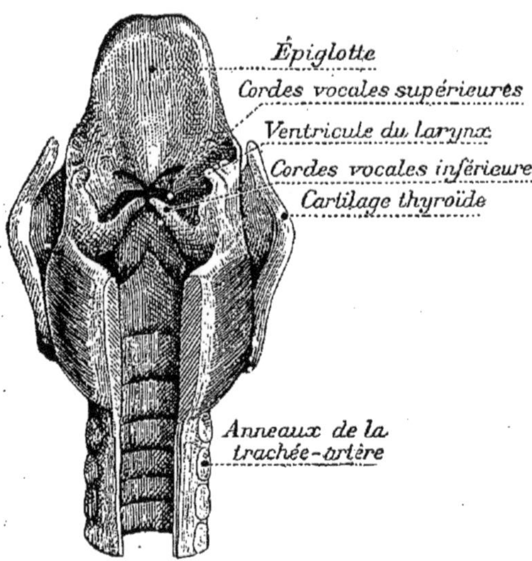

Fig. 21. — Coupe de l'organe de la voix.

40. Voix. — Un grand nombre d'animaux ont une **voix**; l'homme seul possède la **parole**.

L'organe de la voix est le **larynx**, situé à la partie supérieure de la trachée-artère. Les cartilages qui le forment sont tapissés intérieurement par une membrane formant des replis nommés *cordes vocales*. Ces cordes vibrent sous l'action de l'air sortant des poumons, et produisent des sons qui sont modifiés par le nez, la langue, les dents et les lèvres.

RÉSUMÉ

Le système nerveux comprend : le cerveau, le cervelet, la moelle épinière et les nerfs.

Le cerveau et le cervelet sont logés dans le crâne.

La moelle épinière remplit la cavité de la colonne vertébrale.

Les nerfs partent du cerveau et de chaque côté de la moelle épinière; ils se ramifient dans tous les organes.

Le cerveau est le siège de l'intelligence et de la volonté.

Il reçoit les impressions qui lui sont apportées par les nerfs sensitifs, et transmet aux muscles par des nerfs moteurs l'ordre de se mouvoir.

Nous avons cinq sens :

Le toucher, dont l'organe est la peau; le goût, dont l'organe est la langue ; l'odorat, dont l'organe est le nez; l'ouïe, dont l'organe est l'oreille ; la vue, dont l'organe est l'œil.

La voix est produite par le larynx.

Le système nerveux est troublé par un travail intellectuel trop prolongé, et par l'abus du tabac et des liqueurs alcooliques.

Les mets trop épicés émoussent le goût.

La peau, le nez et les oreilles doivent être tenus dans une grande propreté.

Il ne faut pas fatiguer les yeux par une lumière trop vive.

Pour conserver la voix, il faut parler d'un ton modéré.

LES ANIMAUX

CHAPITRE I

CLASSIFICATION

1. Utilité. — Les **animaux** sont si nombreux, qu'il serait difficile de les étudier isolément. On les a divisés en groupes qui réunissent ceux qui possèdent des caractères communs : c'est ce qu'on appelle la **classification.**

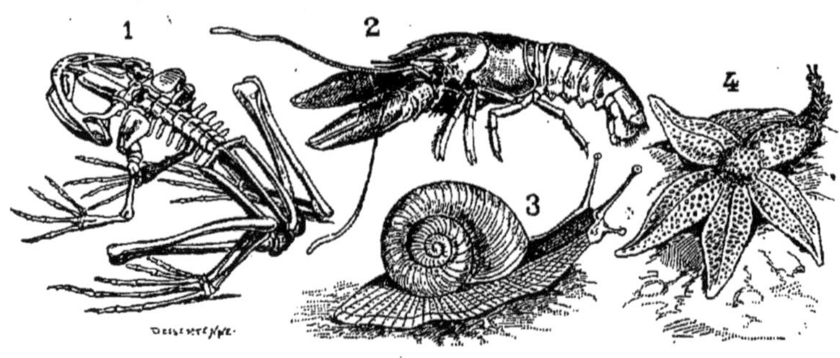

Fig. 1. — **Types des principaux groupes d'animaux.**
1. **Vertébré** (Squelette de Grenouille). — 2. **Annelé** (Écrevisse).
3. **Mollusque** (Hélix des vignes). — 4. **Zoophyte** (Étoile de mer).

2. Divisions. — Les principales divisions, ou groupes d'animaux, sont : les *Vertébrés*, les *Annelés*, les *Mollusques* et les *Zoophytes* (fig. 1).

Les **Vertébrés** ont tous un squelette et le sang rouge.

Le Cheval, la Poule, le Serpent, la Carpe, sont des Vertébrés.

Les **Annelés** sont dépourvus de squelette, et leur corps est divisé en anneaux. L'Écrevisse, le Hanneton, l'Araignée, le Ver, sont des Annelés.

Les **Mollusques** ont un corps mou qui n'est jamais divisé en anneaux. L'Escargot, la Limace, l'Huître, sont des Mollusques.

Les **Zoophytes** ont le corps ramifié comme les plantes. L'Étoile de mer, l'Oursin, le Corail, sont des Zoophytes.

LES VERTÉBRÉS

3. Classes. — L'embranchement des Vertébrés, le plus important, se divise en **cinq classes** : les *Mammifères,* les *Oiseaux,* les *Reptiles,* les *Batraciens,* les *Poissons.*

Mammifères.

4. Définitions. — Les **Mammifères** ont des mamelles qui fournissent le lait, nourriture de leurs petits. Ils n'ont jamais plus de quatre membres. Leur corps est ordinairement couvert de poils.

On les divise en plusieurs ordres, dont les principaux sont : les Quadrumanes, les Chauves-souris, les Insectivores, les Carnivores, les Rongeurs, les Pachydermes, les Ruminants, les Amphibies et les Cétacés.

5. Quadrumanes. — Cet ordre comprend spécialement les **Singes,** animaux qui ont quatre mains; ils se nourrissent de fruits et habitent les pays chauds.

Les plus grands Singes sont : les Gorilles de la Guinée, l'Orang-outang de Bornéo, le Chimpanzé d'Afrique.

Les petites espèces sont : les Guenons, les Macaques, les Magots de Gibraltar, les Ouistitis d'Amérique (fig. 2).

6. Chauves-souris. — Les Chauves-souris, qui volent comme les oiseaux, sont de véritables Mammifères ; elles ont des mamelles, des dents et des poils. Endormies dans les cavernes pendant le jour, elles

Fig. 2.

1. **Quadrumanes** : Orang-outang jeune. — 2. Macaque Rhesus.
3. **Chauve-souris** (Oreillard). — 4. **Insectivore** (Hérisson).

chassent pendant la nuit les insectes nocturnes. Elles sont très utiles (fig. 2).

7. Insectivores. — Les Insectivores se nourrissent d'insectes. Ils sont de petite taille ; le Hérisson, le plus gros des Insectivores d'Europe, a le corps couvert de piquants et peut se rouler en boule (fig. 2) ; la Musaraigne, le plus petit des mammifères, se creuse des galeries souterraines.

8. Carnivores. — Les Carnivores ou *animaux féroces* se nourrissent de chair. Leurs dents sont aiguës ou tranchantes (fig. 3).

Leurs griffes pointues, qui servent à saisir et à déchirer leur proie, peuvent quelquefois, comme chez le Tigre et le Chat, rentrer dans une gaine qui les protège.

Fig. 3.
Carnivores.

1. Panthère. — 2. Tigre et Tigresse.
3. Lion et Lionne.

Fig. 4. — **Carnivores.**

1. Renard. — 2. Ours brun. — 3. Hyène rayée. — 4. Fouine.
5. Coyote (Loup américain).

Les plus terribles sont : le Lion d'Afrique, le Tigre d'Asie, la Panthère d'Algérie.

Le Loup, le Renard, le Putois, la Fouine, dévastent les fermes.

L'Hyène d'Afrique se nourrit de corps morts.

L'Ours brun (fig. 4), à la démarche lourde, est moins féroce que les autres carnivores. L'Ours blanc habite les mers glaciales.

Le Chien et le Chat vivent dans nos maisons.

Tous les carnivores nuisibles sont chassés pour leur riche fourrure.

9. Rongeurs. — Les **Rongeurs** ont les dents disposées pour ronger les plantes ou les fruits. Les Rats, les

Fig. 5.

Rongeurs.

1. Souris.
2. Rat surmulot.
3. Lièvre.
4. Lapin.
5. Castor.

Écureuils, les Loirs et tous les Rongeurs sont des animaux nuisibles. Le Castor fournit une riche fourrure et des poils pour la chapellerie (fig. 5).

On mange le Lièvre, le Lapin, et quelquefois la Marmotte.

10. Pachydermes. — Les **Pachydermes**, ou animaux à peau épaisse, se nourrissent de végétaux.

Les principaux sont les Éléphants d'Asie et d'Afrique, munis d'une longue trompe et de deux énormes dents en ivoire nommées *défenses*.

Fig. 6.

Pachydermes.

1. Éléphant. — 2. Rhinocéros.
3. Hippopotame.

L'Hippopotame vit dans les fleuves d'Asie et d'Afrique. Le Rhinocéros d'Asie a le nez armé d'une corne très dure (fig. 6).

Le Sanglier sauvage et le Porc domestique, le Cheval, l'Ane, le Zèbre, sont aussi des Pachydermes (fig. 7).

Fig. 7.

Pachydermes.

1. Sanglier. — 2. Cheval de course.
3. Ane. — 4. Zèbre.

Fig. 8.

Ruminants.

1. Mouflon à manchettes. — 2. Renne
3. Girafe. — 4. Bison d'Europe.

11. Ruminants. — Les **Ruminants** sont ainsi nommés parce qu'ils **ruminent**, c'est-à-dire ramènent de l'estomac dans la bouche les aliments qu'ils mâchent une seconde fois.

Ils comprennent les principaux animaux domestiques : le Bœuf, la Vache, la Chèvre, le Mouton et quelques autres animaux : le Mouflon à manchettes d'Algérie, le Chameau, le Dromadaire, la Girafe d'Afrique, le Bison

Fig. 9. — **Ruminants.**
1. Cerf. — 2. Dromadaire. — 3. Chameau.

d'Europe et d'Amérique, le Renne de la Laponie, le Cerf de nos forêts (fig. 8 et 9).

12. Amphibies et Cétacés. — Ces animaux aquatiques ont leurs membres disposés pour la natation. Ils viennent rarement à terre (fig. 10).

Les principaux **Amphibies** sont : les Phoques et les Morses des mers du Nord, chassés pour leur fourrure et leur graisse; les Dauphins voraces et les Marsouins, qui habitent toutes les mers.

Parmi les **Cétacés**, on remarque les Baleines et les Cachalots. Les Baleines peuvent atteindre jusqu'à 30 mètres de longueur : elles n'ont pas de dents, mais des lames élastiques nommées *fanons*, placées à la mâchoire supérieure. Les Cachalots, plus petits que les baleines, ont des dents à la mâchoire inférieure. On chasse ces animaux pour leurs fanons et l'huile abondante retirée de leur graisse.

13. Mammifères nuisibles. — Les Mammifères

nuisibles sont ceux qui troublent notre bien-être à leur profit.

On considère comme tels : tous les *Rongeurs :* les Rats, les Souris, les Loirs, qui dévorent nos fruits et

Fig. 10.

Amphibies et Cétacés.

1. Baleine. — 2. Marsouin.
3. Morse. — 4. Phoque.

nos provisions ; les *Carnassiers*, qui déciment le gibier et nos basses-cours, comme les Belettes, les Fouines, les Putois, les Renards ; les Loups, qui attaquent les troupeaux et quelquefois les bergers ; les Loutres, qui dévastent les étangs et les rivières ; les Lions, les Tigres, les Jaguars, qui dévorent des milliers d'hommes chaque année. Le Sanglier est un *Pachyderme* qui dévaste les cultures.

14. Mammifères utiles. — Les Mammifères

utiles sont ceux qui contribuent à notre bien-être
(fig. 11).

Les Chauves-souris et les *Insectivores* comme le Hérisson, la Musaraigne, sont très utiles parce qu'ils dévorent beaucoup d'insectes qui attaquent nos récoltes. Le Hérisson est le grand destructeur des serpents venimeux.

Fig. 11. — **Mammifères utiles.**

1. Vache (*de Jersey*). — 2. Bœuf (*charolais*). — 3. Truie (*de Yorkshire*). —
4. Chèvre (*d'Italie*). — 5. Bélier (*mérinos*). — 6. Chien (*de Terre-Neuve*).
— 7. Lapin (*normand*). — 8. Chat *domestique*.

La plupart des *Herbivores* sont recherchés comme gibier : le Chamois des Alpes, le Cerf, le Chevreuil, le Daim de nos forêts.

Un certain nombre de Mammifères vivent autour de nous, acceptent la nourriture que nous leur donnons et subissent notre autorité : ce sont les **animaux domestiques.**

Le Chien, le Chat, le Furet, sont les seuls carnassiers qui nous soient utiles.

Les *Herbivores domestiques* sont plus nombreux : le *Cheval*, l'*Ane* et le *Mulet* sont employés pour le travail et les transports ; le *Bœuf* nous donne son travail et sa chair ; la *Vache* fournit en outre un lait abondant qui sert à préparer le beurre et les fromages.

Les *Brebis* sont élevées pour leur lait, leur chair délicate, et leur laine est utilisée dans la fabrication des tissus.

Le lait des *Chèvres* est recherché.

Le *Porc*, omnivore, s'élève facilement ; toutes les parties de son corps sont utilisées et donnent des produits alimentaires.

Le poil du *Lapin*, comme celui du Lièvre, est employé à la fabrication du feutre ; leur chair, délicate, légère, est estimée.

On cite encore comme animaux domestiques : les *Chameaux* à deux bosses de l'Asie Mineure, les *Dromadaires* d'Afrique à une bosse, les *Lamas* de l'Amérique du Sud, et les *Éléphants* d'Asie, utilisés comme animaux de transport.

Les *Rennes* remplacent, dans le Nord, le cheval, la vache et le mouton.

La peau de presque tous les Mammifères est transformée en cuirs variés ou en chaudes fourrures.

RÉSUMÉ

Les animaux se divisent en quatre grands groupes :
Les Vertébrés, les Annelés, les Mollusques et les Zoophytes.
Les Vertébrés se subdivisent en cinq classes : les Mammifères, les Oiseaux, les Reptiles, les Batraciens, les Poissons.
Les Mammifères comprennent : les Singes ou Quadrumanes, les Chauves-souris, les Insectivores, les Carnivores, les Rongeurs, les Pachydermes, les Ruminants, les Cétacés.
On distingue les Mammifères nuisibles et les Mammifères utiles.

CHAPITRE II

LES OISEAUX

15. Caractères. — Les **Oiseaux** ont un bec corné au lieu de dents ; les membres antérieurs sont transformés en ailes qui servent à voler ; leur corps est couvert de plumes.

Ils sont *ovipares*, c'est-à-dire qu'ils se reproduisent par des œufs qu'ils pondent et couvent dans un nid.

16. Divisions. — On divise les Oiseaux en plusieurs **groupes**, d'après la forme de leur *bec* (fig. 12) et

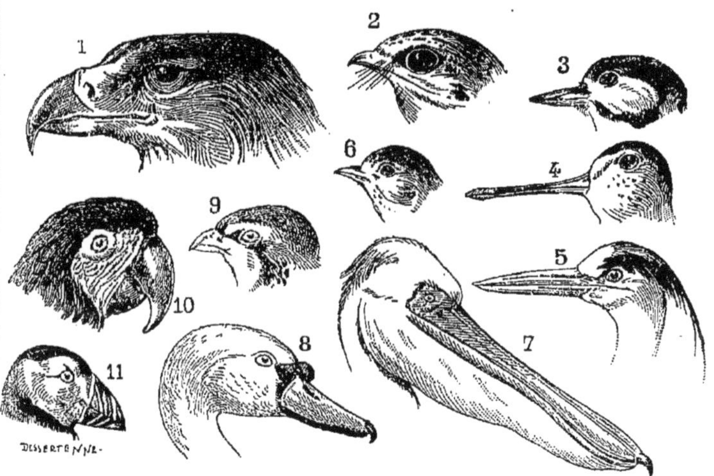

Fig. 12. — Becs d'oiseaux.

1. Aigle (*rapace*). - 2. Engoulevent (*passereau*). — 3. Pic épeiche (*grimpeur*). — 4. Bécassine (*échassier*). — 5. Héron (*échassier*). — 6. Alouette (*passereau*). — 7. Pélican (*palmipède*). — 8. Cygne muet (*palmipède*). — 9. Perdrix rouge (*gallinacé*). — 10. Perroquet (*grimpeur*). — 11. Macareux (*palmipède*).

de leurs *pattes* (fig. 13), variables suivant leur genre de vie.

Les principaux sont : les *Rapaces* ou *Oiseaux de proie*, les *Grimpeurs*, les *Passereaux* ou *Oiseaux d'arbres*, les *Gallinacés* ou *Oiseaux des champs*, les *Échassiers* ou

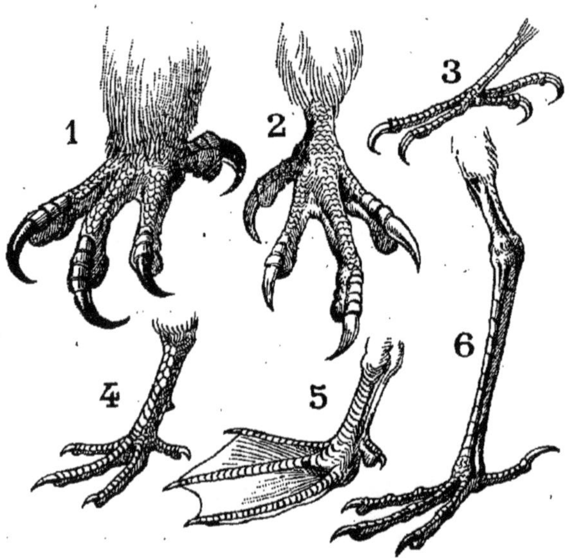

Fig. 13. — **Pattes d'oiseaux.**

1. Aigle (*rapace*). — 2. Vautour (*rapace*). — 3. Pic épeiche (*grimpeur*). — 4. Perdrix rouge (*gallinacé*). — 5. Cygne (*palmipède*). — 6. Héron (*échassier*).

Oiseaux de rivage, les *Palmipèdes* ou *Oiseaux d'eau*, les *Brévipennes* ou *Coureurs*.

17. Rapaces. — Les **Rapaces** ont des griffes ou serres puissantes et un bec crochu. Ils se nourrissent de petits oiseaux, de reptiles, de rongeurs qu'ils tuent.

Les *Rapaces diurnes* chassent pendant le jour; tels sont les Aigles, les Milans, les Vautours, les Gypaètes, les Buses, les Faucons. Les *Rapaces nocturnes* ne chassent que la nuit; ce sont les Chouettes, les Hiboux (fig. 14).

18. Grimpeurs. — Les **Grimpeurs**, comme leur nom l'indique, grimpent aux arbres et volent mal. Les uns, comme les Perroquets, se nourrissent de graines et de fruits ; les autres, comme les Pics, détruisent de grandes quantités d'insectes (fig. 14).

Fig. 14.

Oiseaux rapaces : 1. Aigle. — 2. Gypaète. — 3. Vautour. — 4. Hibou grand duc. 5. Hibou commun.

Oiseaux grimpeurs : 6. Perroquet. — 7. Pic.

Passereaux : 8. Pie. — 9. Pinson. — 10. Rossignol. — 11. Mésange.

19. Passereaux. — Les **Passereaux**, ou *Oiseaux d'arbres*, comprennent un grand nombre d'espèces, parmi lesquelles se trouvent les *Oiseaux chanteurs* : Fauvettes, Rossignols, Pinsons, Chardonnerets. La plupart se nourrissent d'insectes ; citons spécialement : les Hirondelles, les Martinets, les Huppes, les Rouges-gorges.

Quelques-uns, comme les Merles, les Grives, mangent indifféremment des insectes ou des fruits ; d'autres préfèrent des graines, tels sont les Serins, les Moineaux, les Mésanges, les Bouvreuils.

Les grandes espèces : les Corbeaux, les Pies, les Geais, sont de véritables carnassiers qu'on doit détruire.

20. Gallinacés. — Les Gallinacés, ou *Oiseaux des*

champs, comprennent les Pigeons et les Gallinacés proprement dits (fig. 15).

Les *Pigeons* ont le bec faible et allongé ; ils volent bien ; leurs petits, au nombre de deux, sont débiles en naissant.

Les vrais *Gallinacés* marchent bien, mais volent très mal. Ils grattent la terre pour chercher les graines, les insectes et les vers. Leurs petits, nombreux, sont couverts de duvet, et courent en naissant.

Fig. 15.

Gallinacés.

1. 2. Coq, Poule et Poussins.
3. Pintade. — 4. Dindon.
5. Faisan. — 6. Perdrix
et ses petits. — 7. Caille.
8. Pigeon voyageur.
9. Pigeon biset.

Exemples : le Coq, la Pintade, le Dindon, le Faisan, la Perdrix, la Caille.

21. Échassiers ou Oiseaux de rivage. — Les Échassiers ont en général les pattes, le cou et le bec très allongés. Par la disposition de leurs membres, ils peuvent saisir leur nourriture sous l'eau ou dans la vase, sans se mouiller le corps. Ils se nourrissent de poissons, de vers, de petits animaux (fig. 16).

Exemples : la Cigogne, la Grue, le Héron, l'Échasse, la Bécasse.

22. Palmipèdes ou **Oiseaux d'eau.** — Ces oiseaux se reconnaissent à leurs *pieds palmés*, c'est-à-dire à leurs doigts réunis par une membrane qui leur permet de nager avec facilité. En barbotant dans

Fig. 16.

Échassiers : 1. Cigogne.
2. Héron cendré.
3. Échasse. — 4. Grue couronnée.
5. Bécasse.

Palmipèdes : 6. Cygne. — 7. Canard (de Rouen). — 8. Oie.

l'eau, ils saisissent les poissons, les insectes, les vers dont ils se nourrissent (fig. 16).

Les plus communs sont : les Oies, les Canards, les Cygnes, que l'on trouve à l'état sauvage ou qu'on élève en domesticité.

23. Brévipennes ou **Oiseaux coureurs.** — Les **Brévipennes** ou **Coureurs** sont des oiseaux impropres au vol, par suite de la faiblesse de leurs ailes.

Ils comprennent : l'Autruche d'Afrique, le Nandou d'Amérique, le Casoar à casque des Moluques, et l'Aptéryx de la Nouvelle-Zélande (fig. 17).

24. Oiseaux nuisibles. — On peut citer parmi les **Oiseaux nuisibles** : les Rapaces diurnes, les

Pies, les Geais, les Corbeaux, qui détruisent les petits

Fig. 17. — **Oiseaux coureurs.**
1. Autruche. — 2. Nandou. — 3. Casoar à casque. — 4. Aptéryx.

oiseaux ; les Échassiers, qui dépeuplent les étangs et les rivières.

25. Oiseaux utiles. — Les **Oiseaux utiles** sont : les Rapaces nocturnes, destructeurs des rongeurs et des reptiles ; les Passereaux insectivores et même granivores, parce qu'ils détruisent beaucoup d'insectes, surtout lorsqu'ils élèvent leurs petits.

La chair des Passereaux est très estimée.

On élève dans les pigeonniers et dans les basses-cours, pour leur viande et leurs œufs, les Pigeons, diverses races de Poules, les Faisans, les Paons, les Pintades, les Dindons ; et parmi les Palmipèdes, les Oies, les Canards, les Cygnes.

L'Autruche, grand oiseau coureur, est domestiquée en Afrique pour ses belles plumes et ses œufs.

Les plumes des oiseaux étrangers, aux brillantes couleurs, sont très employées dans la parure.

Les nids des oiseaux utiles doivent être protégés.

RÉSUMÉ

Les oiseaux ont un bec corné, des ailes, des plumes au lieu de poils. Ils sont ovipares. La forme de leur bec et de leurs pieds est variable, suivant leur genre de vie.

On divise les oiseaux en sept groupes principaux : les Rapaces, les Grimpeurs, les Passereaux, les Gallinacés, les Échassiers, les Palmipèdes et les Brévipennes.

CHAPITRE III

REPTILES, BATRACIENS, POISSONS

Les Reptiles.

26. Caractères. — Les **Reptiles** sont des animaux qui rampent sur la terre.

Les uns ont quatre pattes, comme les Lézards; d'autres n'en ont pas, comme les Serpents. Leur peau, dépourvue de poils, est grenue ou écailleuse. On les appelle *animaux à sang froid,* parce que leur température varie suivant la saison.

Ils sont ovipares.

27. Divisions. — Les principaux Reptiles sont : les *Tortues,* les *Lézards,* les *Serpents* (fig. 18).

Les **Tortues** ont le corps protégé par une carapace osseuse qui peut abriter leur tête, leurs pattes et leur queue.

Les unes sont terrestres; d'autres, plus grandes, habitent les mers chaudes.

Les **Crocodiles** sont d'énormes lézards, de 6 à 8 mètres, dont la peau est renforcée par des plaques osseuses, et les mâchoires armées de dents.

Les Lézards ordinaires se nourrissent d'insectes.

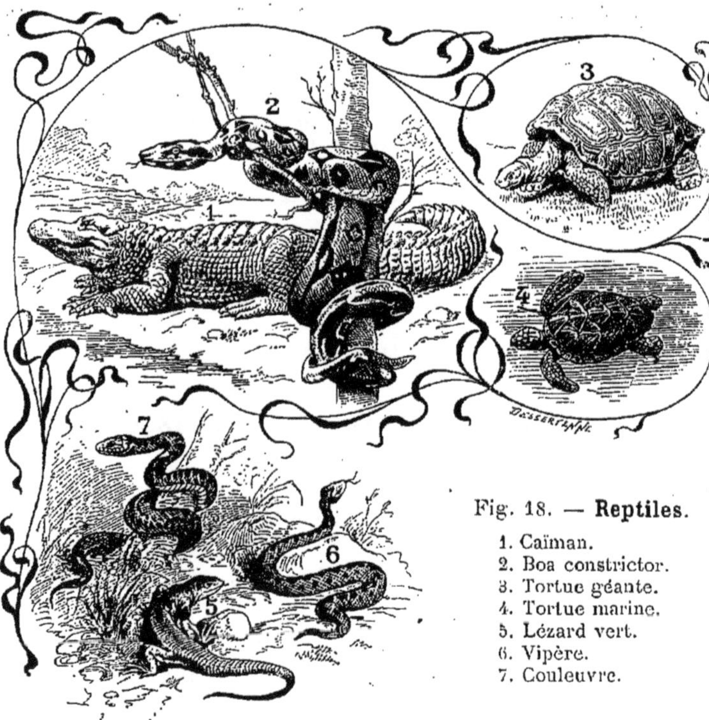

Fig. 18. — **Reptiles**.

1. Caïman.
2. Boa constrictor.
3. Tortue géante.
4. Tortue marine.
5. Lézard vert.
6. Vipère.
7. Couleuvre.

Les **Serpents**, tous dépourvus de pattes, rampent avec facilité; les uns sont venimeux, les autres ne le sont pas.

Les Couleuvres sont inoffensives; on les reconnaît aux larges plaques qui couvrent leur tête (fig. 19 C).

Les Boas, qui peuvent atteindre 15 mètres, sont inoffensifs comme les Couleuvres.

Parmi les Serpents venimeux de France se trouve

la **Vipère**, dont la tête triangulaire est couverte de petites écailles (fig. 19 V).

Ses dents en crochets s'enfoncent brusquement dans le membre mordu, et déversent dans la plaie un venin souvent mortel.

Quand on a été piqué par une Vipère, il faut serrer fortement avec un cordon le membre entre la morsure et le corps, et faire saigner la plaie en la suçant : le venin peut être avalé sans danger, si la bouche est sans écorchures.

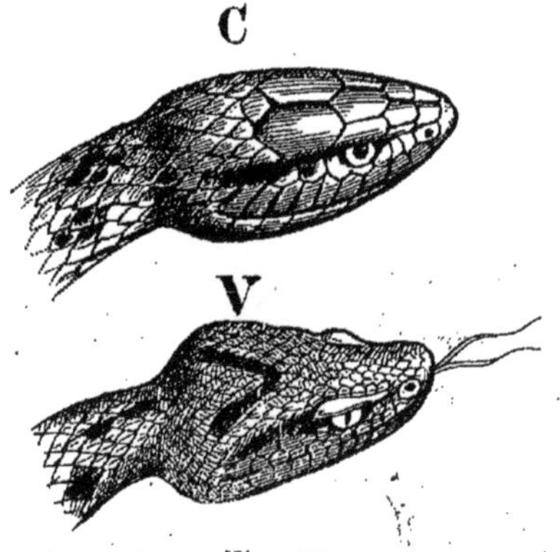

Fig. 19.

C. Tête de **Couleuvre** vipérine.
V. Tête de **Vipère**.

Les pays chauds renferment un grand nombre de serpents venimeux.

Tous les Reptiles de nos pays sont des animaux utiles : ils détruisent les insectes, les souris et les rats ; la Vipère seule est dangereuse.

· Les Batraciens.

28. Caractères. — Les **Batraciens** ont la peau nue et molle ; ils ont quatre pattes.

Ils sont ovipares, comme les Reptiles, et déposent leurs œufs dans l'eau (fig. 20).

29. Métamorphoses. — Ils subissent des changements ou **métamorphoses** avant d'avoir leur forme définitive. Les jeunes n'ont pas de pattes ; leur queue est longue et aplatie latéralement.

Ils portent de chaque côté du cou des houppes de branchies qui leur servent pour respirer. A cet état on les appelle *têtards*.

Bientôt les houppes s'en vont et sont remplacées

par des poumons; les pattes se développent, et la queue disparaît dans quelques espèces.

Les Salamandres et les Tritons ressemblent aux Lézards : les Salamandres sont terrestres, les Tritons sont aquatiques.

Fig. 20.

Batraciens.

1 et a b c d. Grenouille et têtards de différents âges. — 2. Crapaud.
3. Salamandre terrestre. — 4 et 4'. Triton et sa larve.

Les Grenouilles et les Crapauds sont dépourvus de queue.

La peau des Batraciens secrète un venin dangereux pour les petits animaux, mais sans danger pour l'homme, à moins d'être introduit dans le sang.

Tous ces animaux sont utiles parce qu'ils se nourrissent exclusivement d'insectes, de vers et de limaces.

Les Poissons.

30. Caractères. — Les Poissons sont essentiellement aquatiques; hors de l'eau ils meurent rapidement.

Les membres sont transformés en palettes aplaties, appelées *nageoires*, qui servent à leurs mouvements.

Leur peau est couverte d'*écailles*, disposées comme les ardoises d'un toit, et faciles à enlever une à une.

Ils ont de chaque côté de la tête une fente nommée *ouïe*, qui communique avec la bouche; on y trouve les *branchies*, franges rouges, qui sont les organes de la respiration.

Leur sang est à température variable, comme celui des Reptiles.

Fig. 21.

Poissons d'eau douce.

1. Brochet. — 2. Gardon. — 3. Brême.
4. Barbeau. — 5. Perche. — 6. Carpe.
7. Truite. — 8. Anguille. — 9. Ablette.
10. Goujon. — 11. Vairon. — 12. Épinoche
et son nid.

Ils sont ovipares et pondent un nombre considérable d'œufs. Chaque hareng femelle en pond 50 000; l'esturgeon, de 9 à 10 millions.

La nourriture des Poissons est variée : quelques-uns, tels que les Carpes, les Tanches, les Goujons, mangent des herbes, des larves et des vers; d'autres, comme les Truites, saisissent les mouches, les papillons, les insectes qui volent près des eaux. Les Brochets sont de véritables carnassiers qui dépeuplent les étangs. Les

Requins, vrais tigres des mers, ont des mâchoires capables de couper un homme en deux.

Fig. 22. — **Poissons de mer.**

1. Requin. — 2. Morue. — 3. Thon. — 4. Maquereau. — 5. Raie blanche. — 6. Rascasse. — 7. Éperlan. — 8. Hareng. — 9. Sardine. — 10. Anchois. — 11. Turbot.

La pêche des Poissons d'eau douce (fig. 21) et surtout celle des Poissons marins (fig. 22) fournit une précieuse ressource alimentaire.

RÉSUMÉ

REPTILES. — Les Reptiles rampent sur le ventre, leur peau est écailleuse. Quelques-uns ont quatre membres, les autres aucun. Ils ont le sang froid et sont ovipares.

Les principaux Reptiles sont : les Tortues, les Lézards, les Serpents.

Les Tortues ont une carapace et quatre membres.

Les Lézards ont le corps allongé et quatre membres.

Les Serpents n'ont pas de membres.

On distingue les Serpents venimeux et les Serpents non venimeux.

Les Reptiles de nos pays sont utiles, sauf la Vipère.

BATRACIENS. — Leur peau est nue et molle ; ils ont quatre membres, sont ovipares et subissent des métamorphoses.

Tous ces animaux sont utiles.

POISSONS. — Ce sont des animaux aquatiques dont les membres sont transformés en nageoires. Leur peau est couverte d'écailles. Ils respirent par des branchies et ont le sang froid ; ils sont ovipares.

Un grand nombre de Poissons servent à notre nourriture.

CHAPITRE IV

LES ANNELÉS

31. Caractères. — Les **Annelés** n'ont point de squelette intérieur ; leur corps est formé d'*anneaux*, disposés à la suite les uns des autres, comme on le voit à la queue de l'Écrevisse, sous l'abdomen du Hanneton et sur tout le corps du Ver de terre.

32. Divisions. — On les divise en **cinq classes** principales : les *Insectes*, les *Arachnides*, les *Myriapodes*, les *Crustacés* et les *Vers*.

Insectes.

33. Caractères. — Les Insectes ont le corps divisé en trois parties bien distinctes : la *tête*, le *thorax* et l'*abdomen* (fig. 23).

Le **thorax** porte les ailes et les pattes. Quelques Insectes ont quatre ailes, comme les Papillons, les Hannetons ; d'autres deux, comme les Mouches ; les Puces et les Poux en sont dépourvus. Ils ont toujours trois paires de pattes attachées au thorax.

34. Métamorphoses. — Les Insectes sont ovipares, mais la plupart subissent des **métamorphoses** avant d'arriver à l'état parfait (fig. 24).

<table>
<tr><td align="center">Fig. 23.
Division du corps d'un Insecte
(Papillon de la Piéride du chou).
a, tête. — b, thorax.
c, abdomen.</td><td align="center">Fig. 24.
Métamorphoses d'un Insecte
(Papillon Machaon).
1, sa chenille. — 2, sa chrysalide.
3, l'insecte parfait.</td></tr>
</table>

Au sortir de l'œuf, l'Insecte est une *larve* ressemblant à un ver ou à une chenille.

La larve grandit et change plusieurs fois de peau : ces changements sont des *mues*. Après quelque temps elle cesse de manger et devient *nymphe* ou *chrysalide*, dans un cocon qu'elle a filé ou dans un trou qu'elle s'est creusé.

Après un sommeil plus ou moins long, elle sort de sa retraite à l'état d'*insecte parfait*, ne vit guère qu'une saison, pond ses œufs et meurt.

Chez quelques Insectes, les métamorphoses sont *incomplètes*, comme pour les Sauterelles, qui naissent avec des pattes, mais ne prennent leurs ailes que plus tard.

Les larves sont souvent aussi nuisibles que l'insecte parfait : le ver blanc est la larve du Hanneton ; les vers des noix, des noisettes, des pommes, sont des larves de petits Papillons ; le ver des cerises et celui de la viande sont des larves de mouches ; les chenilles sont des larves de Papillons.

35. Insectes nuisibles. — Les Insectes nuisibles sont très nombreux (fig. 25) : le Hanneton, qui à l'état

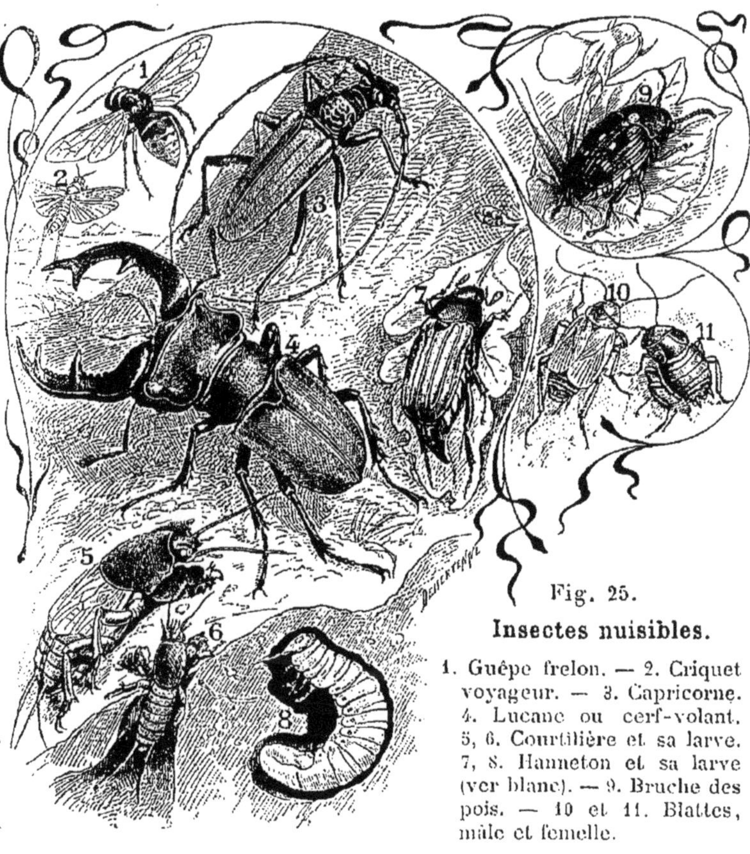

Fig. 25.

Insectes nuisibles.

1. Guêpe frelon. — 2. Criquet voyageur. — 3. Capricorne. 4. Lucane ou cerf-volant. 5, 6. Courtilière et sa larve. 7, 8. Hanneton et sa larve (ver blanc). — 9. Bruche des pois. — 10 et 11. Blattes, mâle et femelle.

de larve (*ver blanc*) ronge les racines des plantes, et qui à l'état parfait dévore les jeunes feuilles des arbres ; le Cerf-volant et le Capricorne, dont les larves rongent le bois ; les Bruches, qui percent les pois ; les Chenilles, qui dévorent les feuilles ; le Phylloxera, qui attaque les racines de vignes ; les Courtilières, qui creusent des terriers dans les jardins ; les Criquets, qui détruisent les récoltes dans les pays chauds ; les Blattes ou Cafards, qui infestent les boulangeries et les cuisines ; les Fourmis, qui mangent nos provisions ; les Guêpes et les Frelons, dont les piqûres sont douloureuses, ainsi que celles des Cousins et des Moustiques ; les Punaises des lits, les Puces et les Poux, qui se multiplient par la malpropreté.

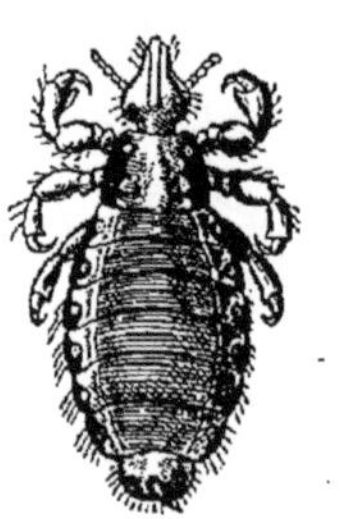

Pou de tête, mâle.

Puce de l'homme.

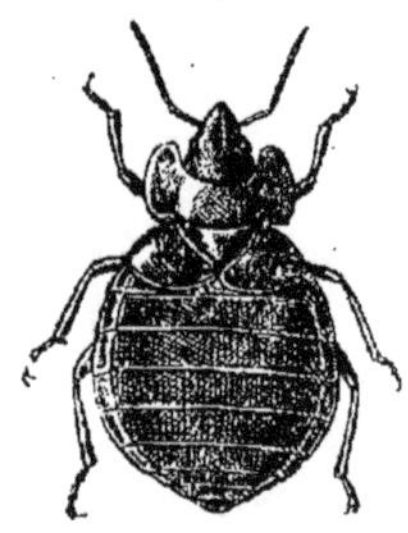

Punaise des lits.

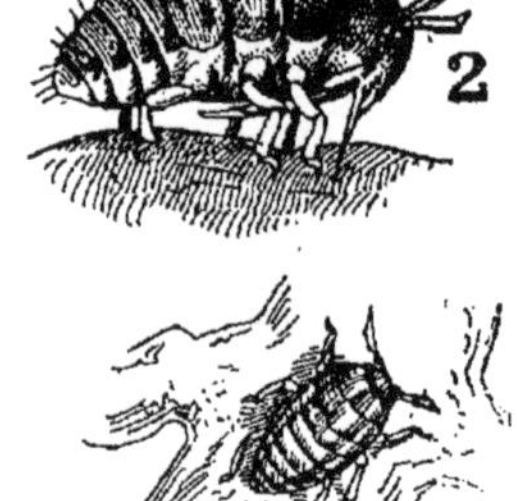

Fig. 26.

Insectes nuisibles.

1. Phylloxera ailé.

2. Phylloxera suçant la sève d'une racine.

3. Radicelle avec Phylloxeras, vus à la loupe.

(Tous ces insectes sont grossis.)

36. Insectes utiles. — Il y a moins d'**Insectes** utiles (fig. 27) que d'Insectes nuisibles.

Les principaux sont : les carnassiers, comme les Carabes, les Staphylins, qui attaquent les autres Insectes ; les Cantharides, qui servent à préparer les vésicatoires ; les Insectes qu'on élève pour leur utilité, tels que les Vers à soie, les Abeilles et les Cochenilles.

Fig. 27.

Insectes utiles.

1. Chenille (Ver à soie) du Bombyx du mûrier, filant son cocon. — 1'. Bombyx du mûrier, sur un cocon. — 2. Carabe dévorant un Hanneton. — 3. Staphylin. — 4. Abeille reine. — 5. Abeille mâle. — 6. Abeille ouvrière.

Le **Ver à soie** est la chenille d'un papillon nocturne : le *Bombyx du mûrier*, qu'on élève dans les magnaneries. Il éclôt au printemps et se nourrit des feuilles du mûrier blanc ; il subit cinq ou six mues ou changements de peau, et file un cocon dans lequel il se transforme en chrysalide, puis en papillon. On plonge les cocons dans l'eau bouillante pour tuer les chrysalides, et on dévide la *soie*.

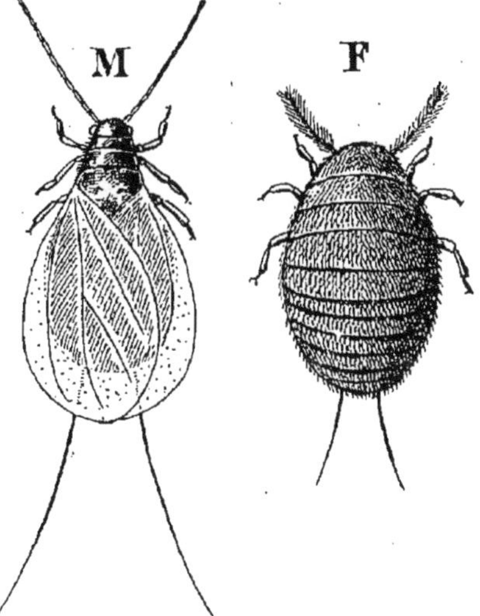

Fig. 28.

Cochenilles, mâle et femelle (grossis).

Les **Abeilles** vivent en colonies nombreuses, dans des ruches où elles fabriquent la *cire* et le *miel*. Une colonie se compose d'une *reine* qui, seule, pond les œufs; de *bourdons* ou abeilles mâles, et d'*ouvrières* qui vont cueillir le miel sur·les fleurs.

Les **Cochenilles** (fig. 28) sont de petits insectes qui vivent sur un cactus, en Algérie et en Espagne; ils fournissent la couleur rouge appelée *carmin*.

Arachnides.

37. Le corps des **Arachnides** est divisé en deux parties : la tête et le thorax réunis, puis l'abdomen; ils

Fig. 29. — **Arachnides.**

1. Mygale aviculaire terrassant un jeune oiseau. — 2. Mygale de France et son nid. — 3. Tégénaire domestique. — 4. Epeire diadème. — 5. Scorpion. — 6. Mille-pieds « Scolopendre mordante ».

ont quatre paires de pattes et jamais d'ailes; ils sont ovipares (fig. 29). Les Arachnides comprennent spécialement les *Araignées*, les *Scorpions* et les *Acariens*, dont un des principaux est le *Sarcopte de la gale*.

Les **Araignées**, variées en espèces, détruisent beaucoup d'insectes et sont très utiles.

Les **Scorpions** des pays chauds portent, à l'extrémité de la queue, un aiguillon qui contient un venin dangereux.

Le **Sarcopte de la gale** est un petit Arachnide qui creuse des galeries dans la peau de l'homme et produit la gale. Cette maladie se communique très facilement, quelquefois par le contact ou les vêtements.

Myriapodes.

38. Les **Myriapodes** ou *Mille-pieds* ont un corps allongé, dans lequel l'abdomen fait directement suite au thorax sans distinction extérieure. Ils ont un grand nombre de pattes (fig. 29).

Crustacés.

39. Les **Crustacés** ont, comme les Arachnides, le corps divisé en deux parties. Leur peau est incrustée d'une matière dure qui rougit par la cuisson. Ils ont de cinq à sept paires de pattes, vivent presque tous dans l'eau et respirent par des branchies, comme les poissons. Les Crustacés sont ovipares (fig. 30).

Les Écrevisses, les Homards, les Langoustes, les Crevettes, les Bernard-l'ermite, ont le corps allongé; il est arrondi chez les Crabes.

Les Cloportes sont terrestres et se cachent dans les endroits humides.

3*

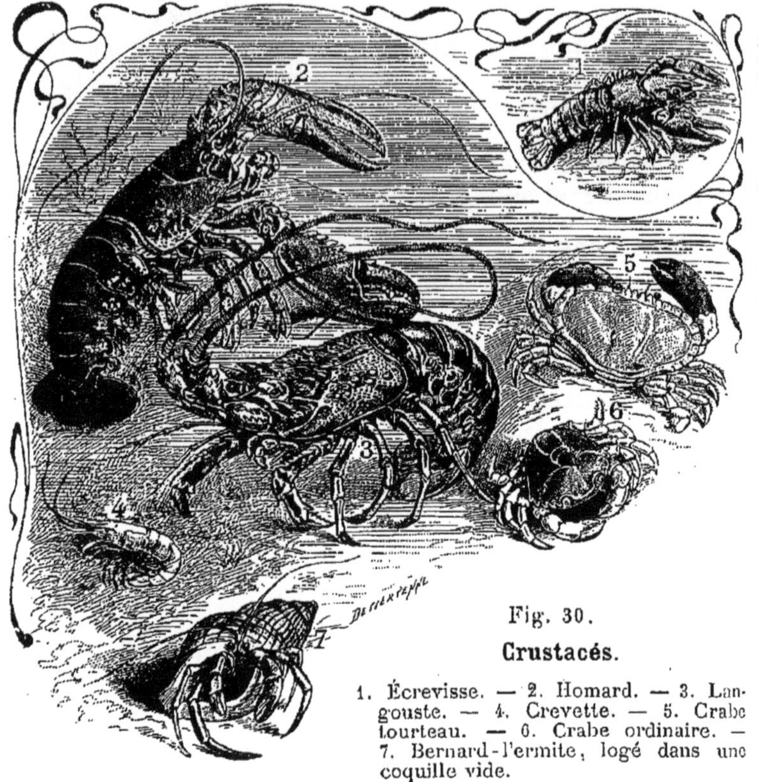

Fig. 30.

Crustacés.

1. Écrevisse. — 2. Homard. — 3. Langouste. — 4. Crevette. — 5. Crabe tourteau. — 6. Crabe ordinaire. — 7. Bernard-l'ermite, logé dans une coquille vide.

Beaucoup de Crustacés sont recherchés comme aliments.

Vers.

40. Les **Vers** ont le corps allongé, formé d'une suite d'anneaux toujours mous ; ils sont dépourvus de pattes et ressemblent à des larves d'Insectes, mais ne se métamorphosent pas (fig. 31).

Les uns vivent dans la terre, comme les Lombrics ou Vers de terre ; d'autres dans l'eau, comme les Sangsues employées pour faire des saignées.

Quelques **Vers parasites** vivent dans nos organes : l'Ascaride des enfants, long et arrondi ; le *Ténia* ou *Ver solitaire*, en

forme de ruban aplati ; l'usage des viandes crues de porc ou
de bœuf, qui en contiennent les germes, l'introduit chez
l'homme ; la *Trichine* de l'intestin du porc, qui pénètre quelquefois dans les muscles de l'homme.

Dans l'alimentation, la cuisson des viandes fait disparaître
tout danger.

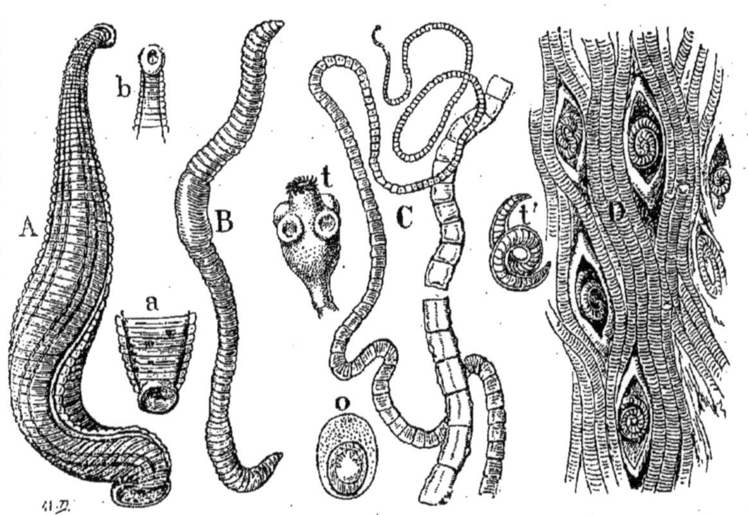

Fig. 31. — **Vers.**

A. *Sangsue* médicinale : a, ventouse buccale ; b, ventouse anale. —
B. *Lombric* ou Ver de terre. — C. *Ténia :* t, la tête avec ses quatre ventouses et sa couronne de crochets ; o, œuf (très grossi). — D. *Trichines*
enkystées dans un muscle ; t', trichine isolée (très grossies).

RÉSUMÉ

Le corps des Annelés est formé d'anneaux.

*On divise les Annelés en cinq groupes : les Insectes, les
Arachnides, les Myriapodes, les Crustacés et les Vers.*

*Le corps des Insectes est divisé en trois parties ; ils ont
trois paires de pattes. La plupart des Insectes subissent des
métamorphoses avant d'arriver à l'état parfait. Il y en a
quelques-uns d'utiles et beaucoup de nuisibles.*

*Les Arachnides ont le corps divisé en deux parties ; ils ont
quatre paires de pattes.*

*Les Myriapodes ont le corps allongé et un grand nombre
de pattes.*

*Les Crustacés ont le corps divisé en deux parties ; leur
peau est incrustée d'une matière dure. Ils ont de cinq à sept
paires de pattes.*

CHAPITRE V

LES MOLLUSQUES

41. Caractères. — Les **Mollusques** ont, comme les Vers, un corps mou; mais il ne présente jamais de segments ou anneaux (fig. 32).

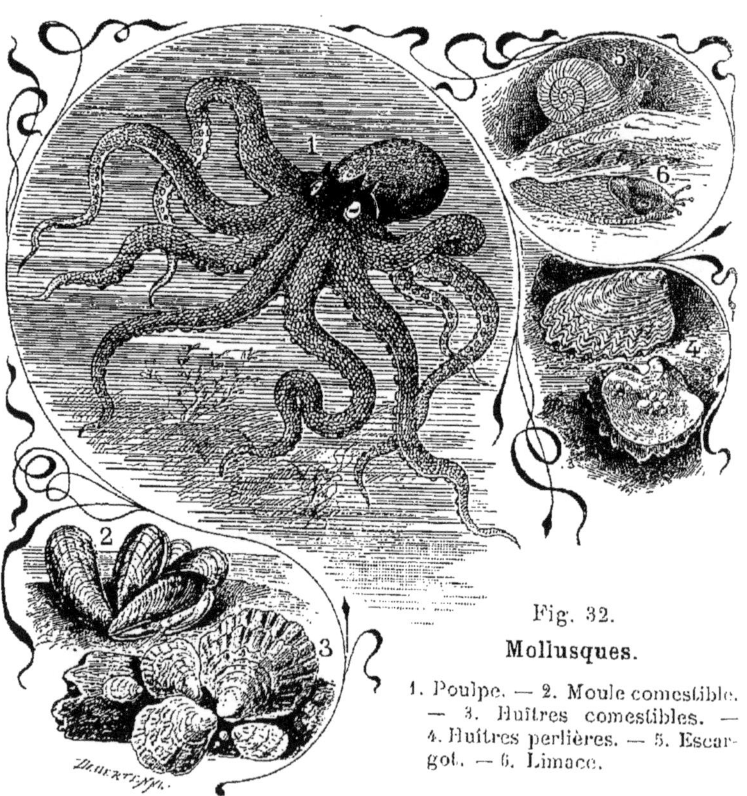

Fig. 32.

Mollusques.

1. Poulpe. — 2. Moule comestible. — 3. Huîtres comestibles. — 4. Huîtres perlières. — 5. Escargot. — 6. Limace.

Quelques Mollusques ont le corps découvert, telles sont les *Limaces*; d'autres sont protégés par une coquille unique comme celle de l'*Escargot*, ou double comme celle de l'*Huître*.

La plupart des Mollusques vivent dans la mer. Les principaux sont les *Huîtres*, les *Moules* et les *Poulpes*.

Les **Huîtres** et les **Moules** sont des Mollusques bivalves, c'est-à-dire dont la coquille est formée de deux pièces. Ils sont très recherchés comme aliments.

La nacre et les perles fines sont fournies par l'Huître perlière, commune dans les mers des Indes.

Les **Poulpes** ou *Pieuvres*, dont la tête est entourée de huit bras garnis de ventouses, brisent avec leur bec de perroquet les carapaces des Crustacés dont ils se nourrissent. Ils sont quelquefois assez forts pour attaquer l'homme.

Un grand nombre de Mollusques sont alimentaires.

LES ZOOPHYTES

42. Caractères. — Les **Zoophytes**, qu'on appelle quelquefois *Animaux-Plantes*, ont des formes variées. Tantôt leur corps est formé de parties disposées en rayons; tantôt il se ramifie à la façon des arbres.

Les Zoophytes sont tous aquatiques et vivent surtout dans la mer (fig. 33).

Les plus connus sont : les *Astéries* ou *Étoiles de mer* à cinq branches; les *Oursins*, arrondis et couverts de piquants comme le fruit du châtaignier; les *Holothuries* ou concombres de mer, dont le corps est allongé.

Les *Méduses* ressemblent à des champignons gélatineux, de couleurs variées.

Les *Polypiers* se développent souvent sur des ramifications calcaires qu'ils ont formées eux-mêmes; ils vivent dans les mers chaudes.

Le polypier rouge du *corail* est employé en bijouterie.

Les *Spongiaires* ont des formes irrégulières; leur corps charnu est soutenu par des parties fibreuses qu'on utilise sous le nom d'*éponges*.

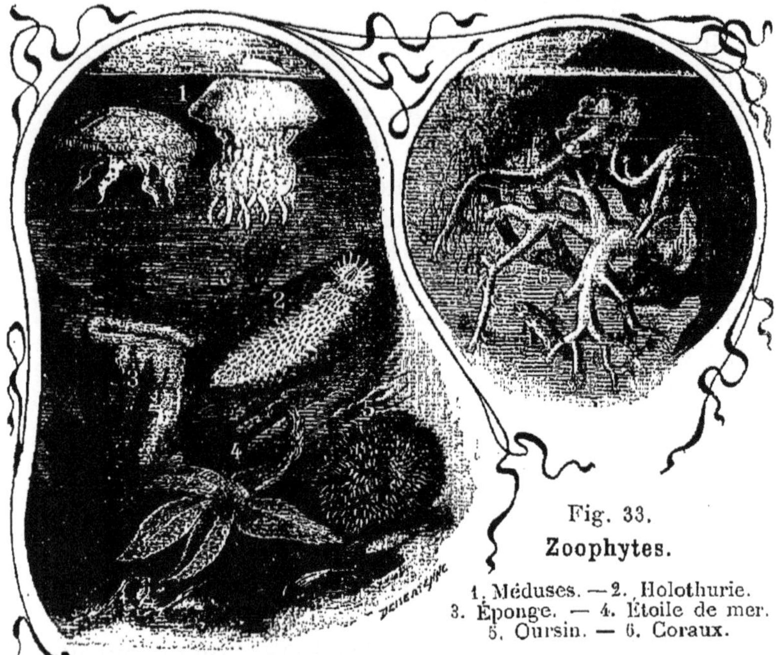

Fig. 33.
Zoophytes.

1. Méduses. — 2. Holothurie.
3. Éponge. — 4. Étoile de mer.
5. Oursin. — 6. Coraux.

Les **Infusoires** (fig. 34) sont des animaux si petits, qu'on ne peut les étudier qu'au microscope. Ils se multiplient avec une telle rapidité dans les eaux corrompues, qu'on a cru autrefois qu'ils s'y formaient spontanément. Ils naissent de germes déposés sur des débris de plantes.

C'est un principe démontré en histoire naturelle que, dans le monde créé, tout être vivant est produit par des êtres semblables à lui.

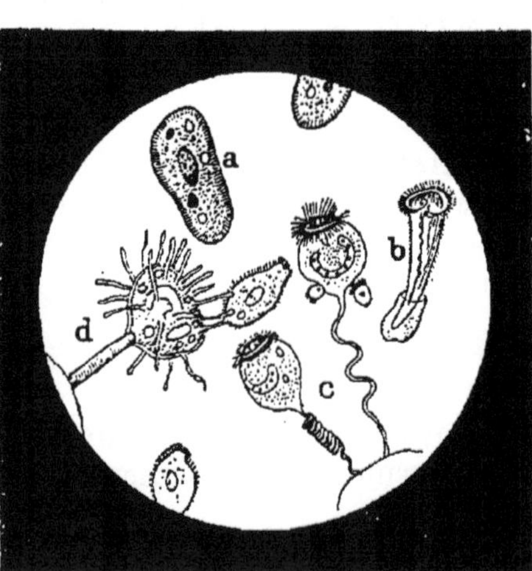

Fig. 34. — Infusoires.

a. Homotriche. — b. Hétérotriche.
c. Péritriche. — d. Tentaculifère.

RÉSUMÉ

Les Mollusques ont un corps mou, sans divisions, souvent protégé par une coquille. La plupart des Mollusques vivent dans la mer, et beaucoup sont alimentaires.

Les Zoophytes, ou Animaux-Plantes, sont disposés en forme d'étoiles ou de rameaux. Ils sont aquatiques.

Les principaux Zoophytes sont les Astéries, les Méduses, les Polypiers, les Spongiaires et les Infusoires.

LES VÉGÉTAUX

CHAPITRE I

LA PLANTE

1. Définition. — Les **Végétaux** sont des êtres organisés, vivants, c'est-à-dire qui naissent, croissent, se multiplient et meurent ; mais ils sont dépourvus de sensibilité et de mouvement volontaire : c'est ce qui les distingue des animaux.

L'étude des plantes porte le nom de **Botanique**.

2. Parties de la plante. — Les parties d'une plante sont : la *racine*, la *tige*, les *feuilles*, les *fleurs*, et les *fruits* contenant la *graine*.

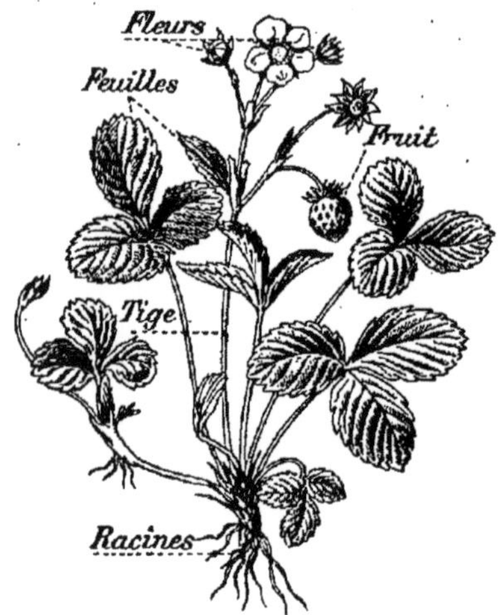

Fig. 1. — Diverses parties d'une plante compélte (*Fraisier*).

La racine, la tige et les feuilles sont les **organes de nutrition** de la plante ; la fleur, le fruit et les graines sont les **organes de multiplication** (fig. 1).

Racine.

3. Définition. — La racine est la partie du végétal qui s'enfonce dans le sol.

4. Parties de la racine. — Une racine se compose de trois parties (fig. 2) :

1° Le **pivot** ou corps de la racine ;

2° Le **collet**, qui sépare la tige de la racine ;

3° Les **radicelles** et le *chevelu*, filaments fins qui terminent la racine principale.

5. Formes des racines. — D'après leurs formes, on distingue trois espèces de racines (fig. 3) :

1° Les racines **pivotantes** qui pénètrent dans le sol comme un pivot. Ex. : Radis, Betterave, Luzerne, etc.

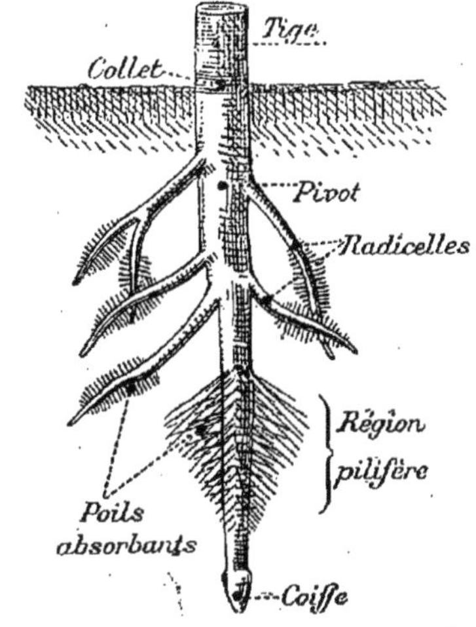

Fig. 2.
Diverses parties d'une **racine**
(*figure théorique*).

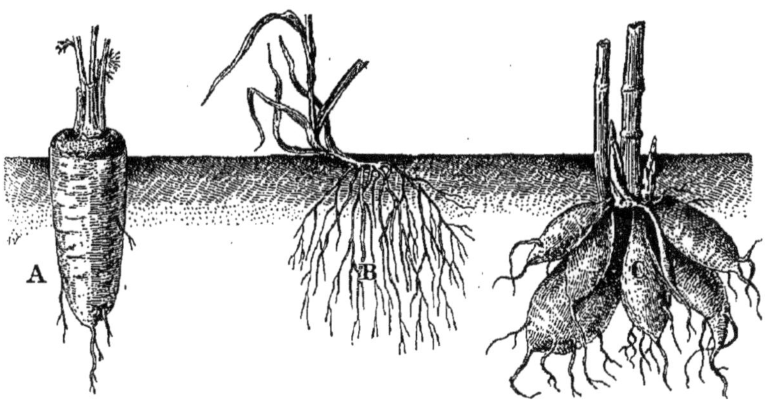

Fig. 3. — **Diverses sortes de racines.**
A. Pivotante (Carotte). — B. Fasciculée (Blé). — C. Tubériforme (Dahlia).

2° Les racines **fasciculées**, composées d'un grand nombre de radicelles. Ex. : Blé, Poireau, etc.

3° Les racines **tubériformes**, qui présentent des renflements ressemblant à des tubercules. Ex. : Dahlia, Pivoine, etc.

6. Racines adventives. — On appelle **racines adventives** celles qui se développent sur la tige ou sur les branches, quelquefois même sur les feuilles.

Cette propriété est utilisée pour multiplier les végétaux par le *bouturage* et le *marcottage*.

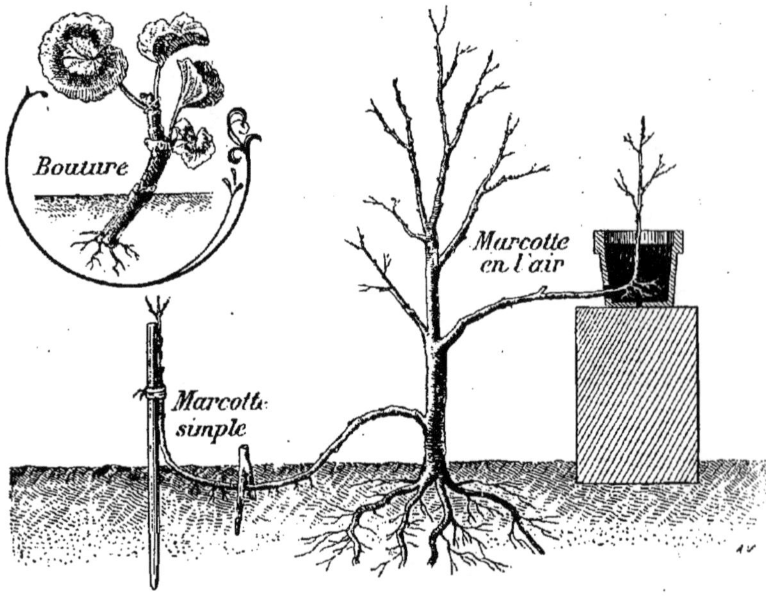

Fig. 4. — **Bouture et Marcottes.**

7. Bouturage. — Le *bouturage* consiste à planter, dans la terre humide, une jeune branche séparée de la plante. Après quelque temps, la partie enterrée se couvre de racines adventives, et la bouture devient une nouvelle plante (fig. 4).

8. Marcottage. — Le *marcottage* se fait en couchant dans le sol une jeune branche, sans la séparer du végétal auquel elle appartient. Des racines adventives apparaissent bientôt sur la partie enterrée; il n'y a plus qu'à détacher le nouveau sujet de la plante mère (fig. 4). — On emploie souvent ce procédé pour multiplier la vigne (*provignage*).

9. Fonctions de la racine. — La racine a deux fonctions principales :

1° Elle fixe le végétal au sol ;

2° Au moyen de *poils absorbants*, petits et délicats, situés vers son extrémité, elle puise dans le sol les aliments de la plante. Ces aliments, mêlés à la terre, sont dissous par l'eau des pluies, absorbés par les poils et transportés par de petits *vaisseaux* dans toutes les parties du végétal.

Tige.

10. Définition. — La **tige** est la partie de la plante qui se développe dans l'air, en sens inversé de la racine.

11. Sortes de tiges. — La tige est **ligneuse** lors-

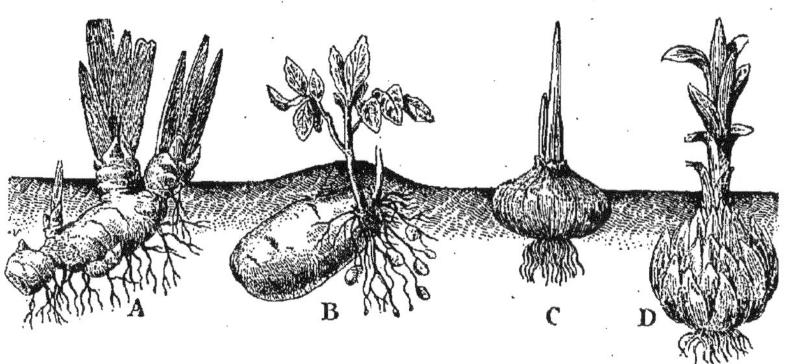

Fig. 5. — **Tiges souterraines.**

A. Rhizome (*Iris*). — B. Tubercule (*Pomme de terre*). — C. Bulbe tuniqué (*Oignon*). — D. Bulbe écailleux (*Lis blanc*).

qu'elle a la consistance du bois, **herbacée** lorsqu'elle conserve l'aspect de l'herbe.

Elle est **annuelle** si elle ne dure qu'une année, comme

la plupart des légumes; **vivace** si elle vit plusieurs années, comme les arbustes, les arbres.

Il y a des **tiges souterraines** qui se développent sous terre : le Chiendent, l'Iris, les Oignons; et des **tiges aériennes** qui croissent dans l'air; c'est le plus grand nombre.

Fig. 6. — Diverses sortes de tiges aériennes.
Tronc   Stipe   Chaume
(*Chêne*).   (*Palmier-Dattier*).   (*Blé*).

Les principales tiges aériennes sont : le **tronc**, qui a pour type les arbres de nos forêts; le **stipe**, tige cylindrique sans branches, terminée par un bouquet de feuilles, c'est la tige des Palmiers; le **chaume**, tige creuse du Blé, des Roseaux.

12. Coupe d'un tronc d'arbre. — Si on coupe en travers un tronc d'arbre, un Chêne par exemple, on distingue de dedans en dehors : la *moelle*, le *bois* et l'*écorce* (fig. 7).

La **moelle**, molle et blanche, occupe le centre;

Le **bois** contient deux parties : l'une dure, brune, qui entoure la moelle, c'est le *cœur*. le *duramen*, ou le bois proprement dit ; l'autre moins foncée, tendre, c'est le bois nouveau ou *aubier*.

La partie la plus extérieure est l'**écorce**.

Il se forme chaque année, entre l'aubier et l'écorce, une nouvelle couche de bois ; on peut connaître l'âge d'un arbre par le nombre des cercles ainsi formés.

Fig. 7. — Coupe d'un **tronc** d'arbre.

13. Fonctions de la tige. — La tige a deux fonctions principales :

1° Produire les feuilles, les fleurs et les fruits ;

2° Conduire dans les feuilles la **sève brute**, absorbée par les racines ; cette sève redescend ensuite à l'état de **sève élaborée** pour nourrir tous les organes.

14. Modification de la tige. — On peut modifier la tige par la *greffe* et la *taille*.

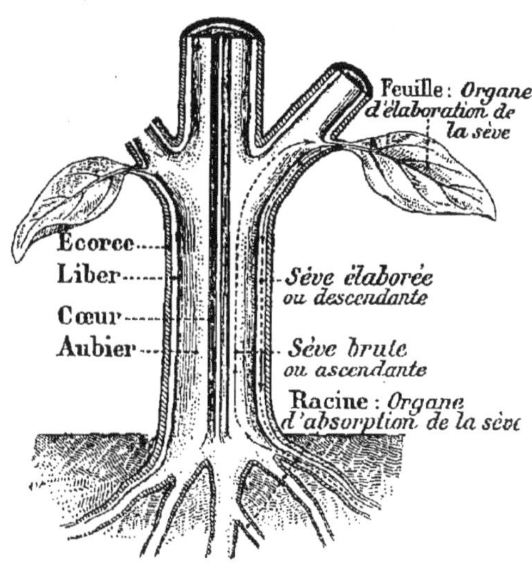

Fig. 8. — Circulation de la **sève brute** ou ascendante et de la **sève élaborée** ou descendante.

La **greffe** consiste à placer, sur un végétal qu'on appelle *sujet*, un fragment de tige ou *greffon* pris sur un autre végétal. Le greffon se soude au sujet.

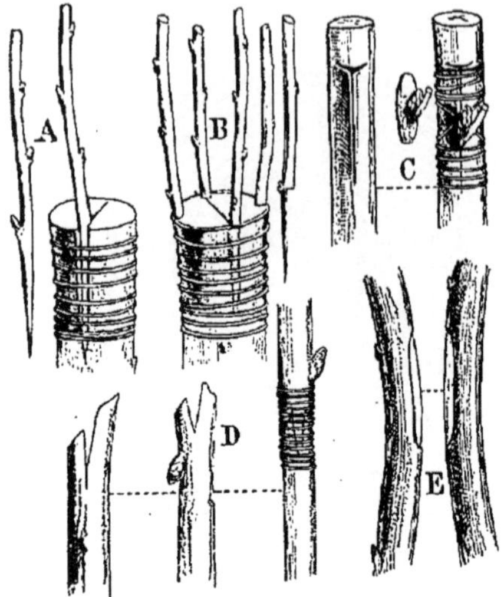

Fig. 9. — **Greffes diverses.**

En fente : A simple, B en couronne. — C, en écusson. — D, anglaise. — E, par approche.

se développe et donne la variété de fleurs ou de fruits dont on veut conserver l'espèce.

Les **principales greffes** sont : la *greffe en fente*, la *greffe en écusson*, la *greffe anglaise* et la *greffe par approche* (fig. 9).

La **taille** a pour but de multiplier et d'améliorer les fruits; elle donne aussi à l'arbre une forme voulue.

Les principales tailles de la Vigne sont : la taille à *court bois*, à *long bois* et la taille *mixte* (fig. 10).

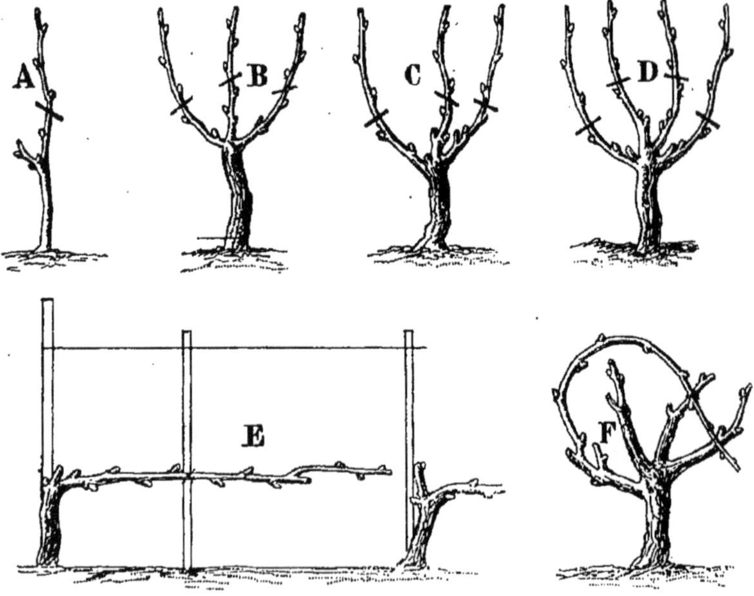

Fig. 10. — Tailles de la vigne.

A, B, C, D, tailles annuelles à court bois.— E, taille à long bois.— F, taille mixte.

Feuille.

15. Définition. — Les feuilles sont des expansions, ordinairement vertes et aplaties, qui naissent sur la tige ou sur les rameaux. Elles sont tantôt **simples** (fig. 11),

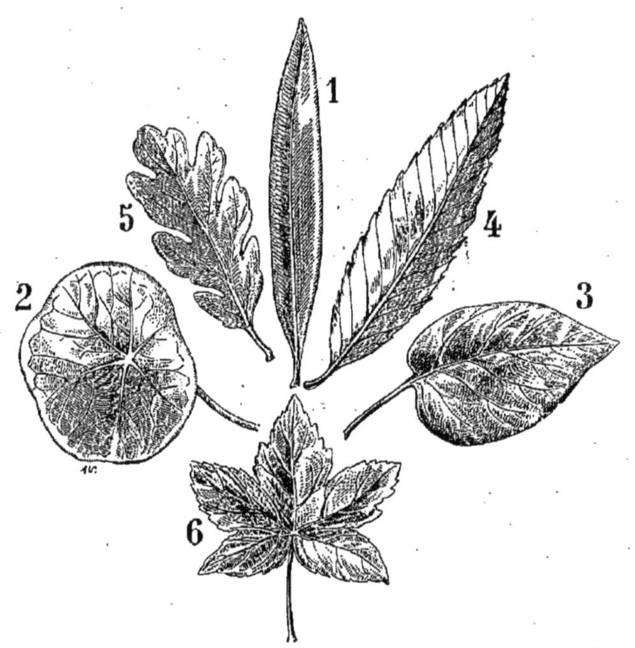

Fig. 11. — **Feuilles simples.**
1. Laurier. — 2. Capucine. — 3. Lilas. — 4. Châtaignier. — 5. Chêne. 6. Érable.

comme celles du Pommier, du Cerisier; tantôt **composées** (fig. 12), comme celles de l'Acacia, du Rosier; ses différentes divisions sont alors appelées **folioles.**

16. Parties de la feuille. — La feuille se compose le plus souvent de deux parties (fig. 13): 1° le **pétiole** ou queue, qui est attaché au rameau; 2° le **limbe**, partie large et aplatie, composée de *nervures* et d'un tissu mou appelé *parenchyme.*

Les deux faces du limbe sont percées de petites ouver-

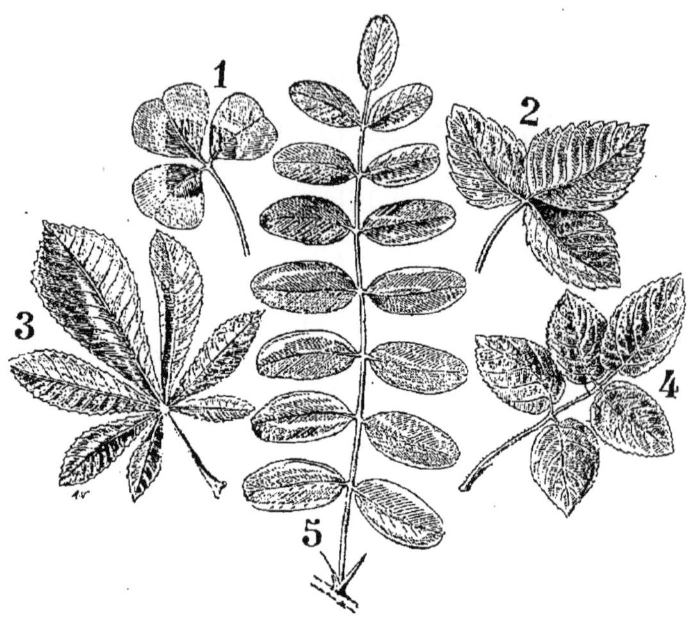

Fig. 12. — **Feuilles composées.**
1. Trèfle. — 2. Fraisier. — 3. Marronnier. — 4. Rosier. — 5. Acacia.

tures, nommées **stomates**, par lesquelles l'air pénètre dans la feuille. Il y en a plusieurs centaines par milli mètre carré.

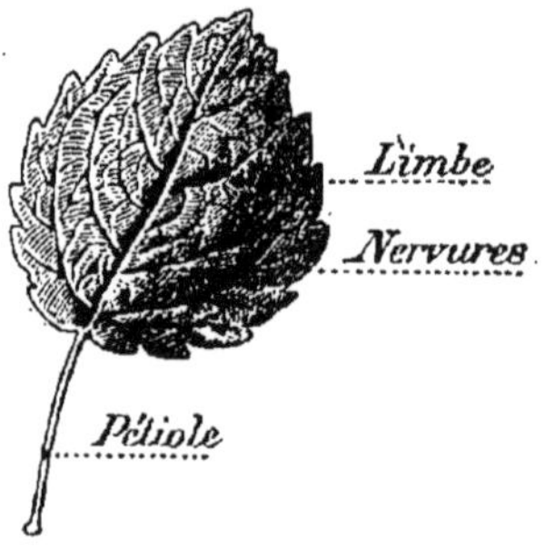

Fig. 13.
Parties d'une **feuille**
(*Peuplier tremble*).

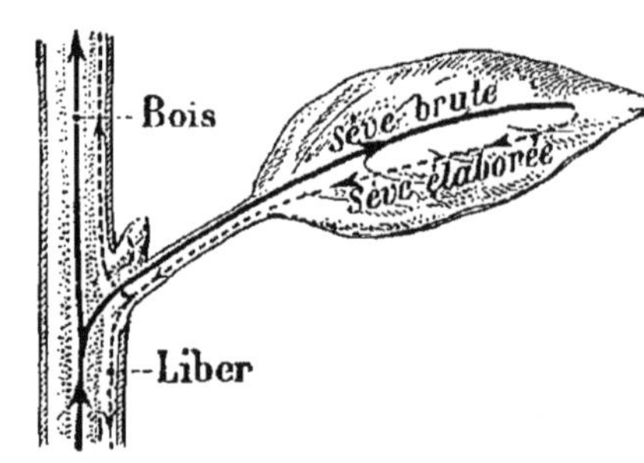

Fig. 14.
Figure théorique des trois principales
fonctions de la feuille.

17. Fonctions de la feuille. — Les feuilles on trois fonctions importantes : la *respiration*, la *transpira tion* et la *nutrition* (fig. 14).

1º Par la **respiration**, les plantes, comme les animaux, absorbent de l'oxygène et dégagent du gaz carbonique. Leur présence est donc dangereuse dans les appartements pendant la nuit.

2º Par la **transpiration**, elles évaporent dans l'air la plus grande partie de l'eau puisée dans la terre au moyen des racines. Cette évaporation dessèche le sol et favorise l'absorption de l'eau après les grandes pluies. Les pays boisés sont moins souvent inondés que les autres.

3º Les feuilles **nourrissent** la plante. Leur parenchyme est rempli de *chlorophylle*, matière verte, composée d'innombrables petits grains. Sous l'influence de la lumière du soleil, la chlorophylle décompose le gaz carbonique de l'air, fixe le carbone dans la plante et dégage l'oxygène nécessaire au règne animal. Les arbres purifient donc l'atmosphère en détruisant un gaz nuisible.

RÉSUMÉ

Les parties d'une plante sont : la racine, la tige, les feuilles, les fleurs, les fruits.

Les trois parties de la racine sont : le pivot, le collet et les radicelles.

Les racines sont pivotantes, fasciculées, tubériformes.

On utilise la production des racines adventives dans le bouturage et le marcottage.

La racine fixe le végétal et lui fait absorber la sève.

Il y a des tiges ligneuses et herbacées, annuelles et vivaces ; des tiges souterraines et aériennes.

La tige supporte les feuilles et conduit la sève.

On modifie la tige par la greffe et la taille.

Les feuilles sont simples ou composées.

Dans une feuille, on distingue le pétiole, le limbe, les nervures et le parenchyme.

Les fonctions de la feuille sont : la respiration, la transpiration et la nutrition.

CHAPITRE II

LA PLANTE (Suite)

Fleur.

18. Définition. — La **fleur** est l'ensemble d[
organes qui reproduisent la plante.

Une **fleur complète** se compose de quatre parties q[
sont, de dehors en dedans : le *calice,* la *corolle,* les é[
mines et le *pistil* (fig. 15).

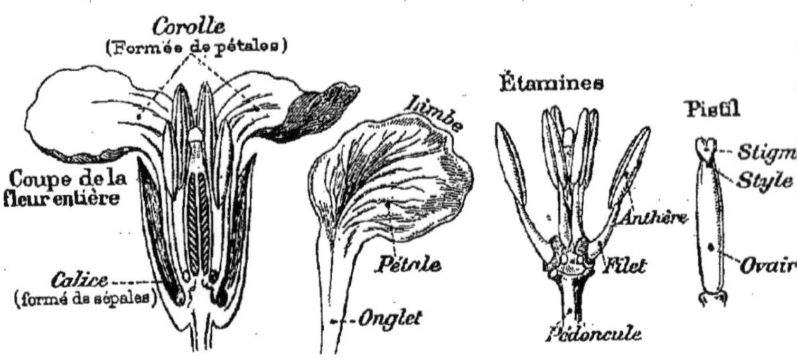

Fig. 15. — Différentes parties d'une **fleur complète** (*Giroflée*

La **fleur** est **incomplète** s'il lui manque quelqu'u[
de ces parties.

1° Le **calice** est habituellement formé de petites feui[
vertes, soudées ensemble, ou séparées, qu'on appe[
sépales.

2° La **corolle** est formée de feuilles colorées en bl[
jaune, rouge, blanc; ces feuilles, réunies ou séparé[
sont appelées *pétales.*

3° Les **étamines** sont formées d'un *filet* qui por[
son extrémité libre un renflement nommé *anthère.*

L'anthère contient une poussière jaune, le **pollen**, nécessaire à la reproduction de la plante.

4° Le **pistil**, situé au milieu de la fleur, est composé de trois parties : l'*ovaire*, renflement inférieur ; le *style* qui lui fait suite, et le *stigmate* qui le termine.

L'**ovaire** en se développant formera le *fruit ;* il renferme les *ovules*, qui deviendront les *graines.*

Le calice et la corolle sont des *organes de protection* qui peuvent disparaître après la fécondation ; les étamines et le pistil sont les parties essentielles de la fleur.

19. Fécondation. — Au moment de la floraison, l'anthère s'ouvre et laisse tomber le pollen sur le stigmate, là il germe et produit un élément qui va influencer les ovules ; ceux-ci alors se développent et deviennent graines.

Le pollen peut être transporté par le vent ou par les insectes. Si, pendant la floraison, les pluies entraînent le pollen, les fruits ne se développent pas : on dit que la récolte a *coulé.*

20. Fleurs incomplètes. — Il y a des **fleurs incomplètes** qui manquent d'étamines ou de pistil. Dans le Noyer, le Noisetier, le Maïs, les fleurs à étamines (*staminées*) et les fleurs à pistil (*pistillées*) sont sur la même plante ; dans le Chanvre, les Palmiers, ces fleurs sont sur des pieds différents.

Fruit.

21. Définition. — Le **fruit** est l'ovaire arrivé à son complet développement ; les autres parties de la fleur devenues inutiles se flétrissent et tombent.

22. Parties du fruit. — Le *fruit* contient deux parties : le *péricarpe* et la *graine* (fig. 16).

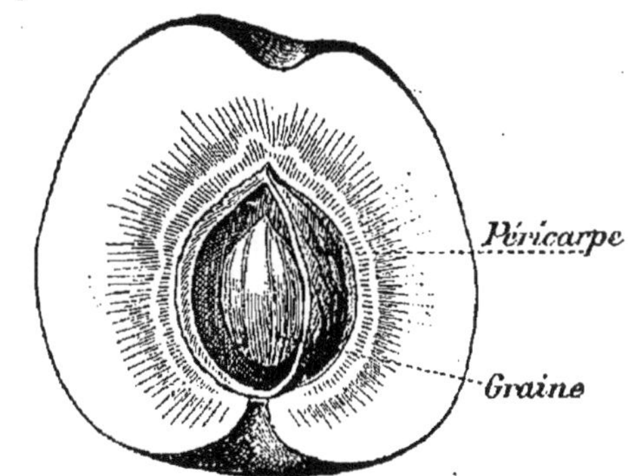

Fig. 16. — Diverses parties d'un fruit (*section d'une Pêche*).

Le péricarpe ou partie extérieure peut être sec comme la gousse du Haricot, ou charnu comme dans la Poire, la Pêche ou la Cerise.

Graine.

23. Définition. — La graine est la partie du fruit qui doit reproduire la plante.

Elle comprend : le *tégument* et l'*amande*.

Le **tégument** est l'enveloppe de l'amande.

Dans le haricot (fig. 17), **l'amande** est formée de deux *cotylédons* entre lesquels se trouve la *plantule* ou *embryon* : petite plante en miniature, composée de la *radicule*, de la *tigelle* et de la *gemmule*.

Quelques graines possèdent deux cotylédons ; d'autres, un seul ; quelques-unes en sont dépourvues.

D'après ces caractères, les Végétaux sont divisés en **Dicotylédones, Monocotylédones et Acotylédones.**

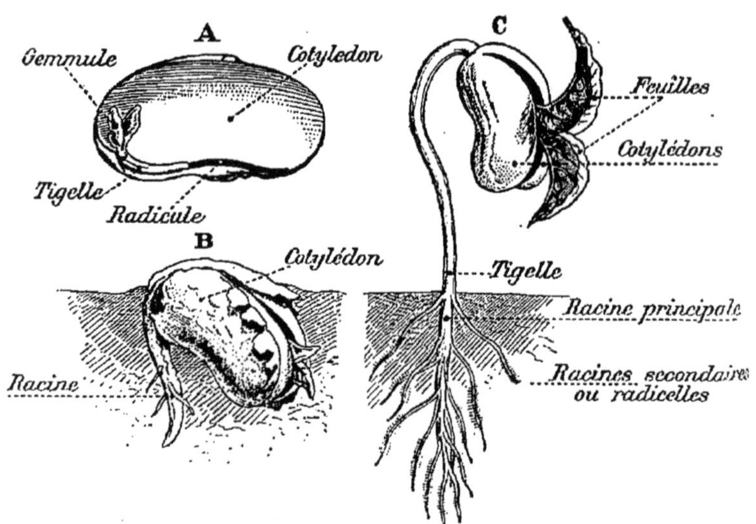

Fig. 17. — **Germination** d'une graine de Haricot.

24. Germination. — La germination est le déve

loppement de l'embryon : elle s'accomplit sous l'action de la *chaleur*, de l'*air* et de l'*humidité*; ces trois conditions sont indispensables. Sous leur influence, le *tégument* de la graine se fend; la *radicule* s'enfonce dans la terre pour former la *racine*; la *tigelle* et la *gemmule* s'élèvent et deviennent la *tige* et la *feuille*. On peut voir tous ces effets dans un grain de Haricot, mis dans la terre humide (fig. 17).

Les graines privées d'air et d'humidité ne germent pas.

25. Multiplication des plantes. — Les plantes se multiplient par le **semis**, le **bouturage**, le **marcottage** et la **greffe** (voir pages 74 et 77).

RÉSUMÉ

Les parties d'une fleur complète sont le calice, la corolle, les étamines et le pistil.
Le calice est formé de sépales; la corolle, de pétales.
L'étamine comprend le filet, l'anthère et contient le pollen.
Le pistil se compose de l'ovaire, du style et du stigmate.
La fécondation se fait par le pollen.
Le fruit ou ovaire mûr renferme les graines.
La graine comprend l'enveloppe, l'amande et l'embryon.
Les agents de la germination sont l'air, la chaleur et l'humidité.
On multiplie les plantes par le semis, le bouturage, le marcottage et la greffe.

CHAPITRE III

CLASSIFICATION DES PLANTES

26. Division. — On distingue les plantes à fleurs ou **Phanérogames**, et les plantes sans fleurs ou **Crypto-games**.

Les Phanérogames se divisent en deux classes, suivant le nombre des cotylédons de la graine.

1° Les **Dicotylédones** comprennent toutes les plantes dont la graine a *deux cotylédons ;*

2° Les **Monocotylédones** contiennent toutes celles dont la graine n'a qu'un *seul cotylédon.*

Chacune de ces classes se divise en un grand nombre de familles.

Classe des Dicotylédones.

27. Les principales familles des Dicotylédones sont : les *Crucifères*, les *Ampélidées*, les *Légumineuses*, les *Rosacées*, les *Ombellifères*, les *Cucurbitacées*, les *Composées*, les *Solanées*, les *Labiées*, les *Amentacées*, les *Conifères*.

28. Famille des Crucifères. — Les **Crucifères** ont quatre pétales, disposés en croix, et six étamines.

Ex. : le Chou, le Navet, la Rave, le Radis, le Cresson, la Giroflée (fig. 18 A).

29. Famille des Ampélidées. — Les **Ampélidées**

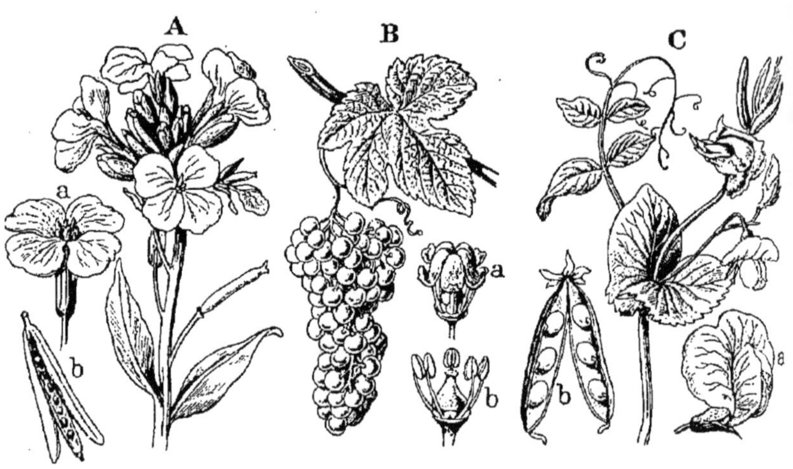

Fig. 18.

A. Crucifère.	B. Ampélidée.	C. Légumineuse.
Giroflée.	*Vigne.*	*Pois à fleurs.*
a. fleur ;	a. fleur ;	a. fleur ;
b. silique.	b. fleur sans corolle.	b. gousse ouverte.

ont de petites fleurs vertes, disposées en grappes; la corolle tombe à la floraison.

Ex : la Vigne (fig. 18 B).

30. Famille des Légumineuses ou Papilionacées. — Les pétales sont irréguliers : deux s'étendent de chaque côté de la fleur, comme les ailes d'un papillon ; deux se soudent pour former une carène ; le pétale supérieur, très large, est l'étendard.

Ex. : les Pois (fig 18 C), les Haricots, les Lentilles, les Fèves, la Luzerne, les Genêts, les Trèfles.

31. Famille des Rosacées. — La fleur de l'Églantier est le type de cette famille : elle a cinq sépales, cinq pétales et de cinq à vingt étamines.

La plupart des arbres fruitiers : Pommier, Poirier, Prunier, Pêcher (fig. 19 A), Abricotier, Cerisier, ainsi que la Ronce, l'Aubépine, le Fraisier, sont des Rosacées.

32. Famille des Ombellifères. — Les fleurs de cette famille sont disposées en *ombelles* ou parasol ; elles

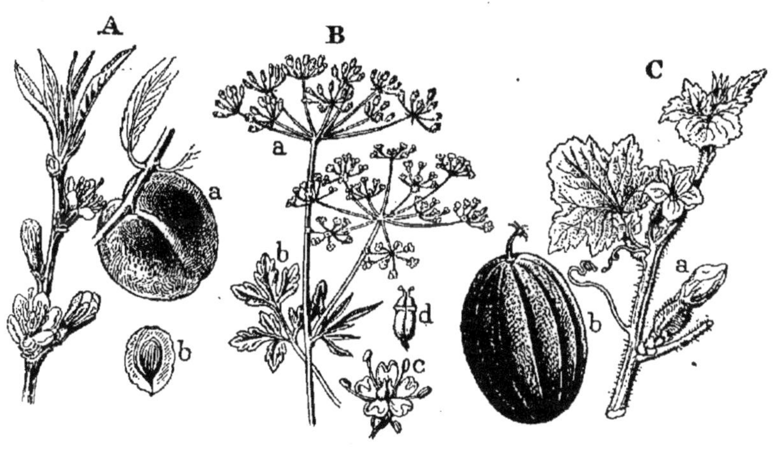

Fig. 19.

A. **Rosacée.**   B. **Ombellifère.**   C. **Cucurbitacée.**

Pêcher.   *Persil.*   *Melon sucrin*
a. fruit ;   c. fleur ;   *à chair verte.*
b. noyau coupé.   d. fruit.   b. fruit.

sont petites et ordinairement blanches. Presque toutes les Ombellifères sont odorantes.

Ex. : Persil (fig. 19 B), Cerfeuil, Céleri, Carotte, Fenouil, Ciguë.

33. Famille des Cucurbitacées. — Les plantes de cette famille ont, sur le même pied, des fleurs à étamines et des fleurs à pistil ayant toutes cinq sépales et cinq pétales.

Ex. : Courge, Gourde, Melon (fig. 19 C), Concombre.

34. Famille des Composées. — Les fleurs, ordinairement petites, sont réunies sur un plateau, et l'ensemble paraît être une fleur unique.

Ex. : Laitue, Chardon, Artichaut, Salsifis, Absinthe, Camomille (fig. 20 A), Arnica, Immortelle.

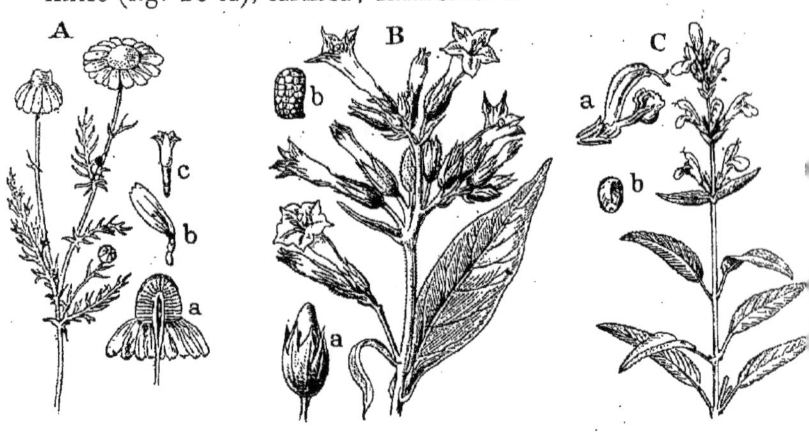

Fig. 20.

A. Composée.	B. Solanée.	C. Labiée.
Camomille.	*Tabac.*	*Sauge.*
a. coupe de la fleur ;	a. fruit ;	a. fleur.
b. c. fleurs.	b. graine (grossie).	b. graine.

35. Famille des Solanées. — Les **Solanées** ont de grandes fleurs, dont les cinq pétales sont soudés.

Ex. : Pomme de terre (apportée du Pérou), Tomate, Aubergine, Poivron, Belladone, Tabac (importé d'Amérique) (fig. 20 B).

36. Famille des Labiées. — Les Labiées se reconnaissent par leur corolle à deux lèvres, et par leur tige de section carrée.

Ex. : Menthe, Romarin, Sauge (fig. 20 C), Lavande, Thym, Serpolet.

37. Famille des Amentacées. — Arbres ou arbustes portant deux espèces de fleurs sur le même pied. Les fleurs à étamines ont la forme de chatons; les fleurs à pistil sont plus petites.

Ex. : Noisetier, Noyer, Chêne, Hêtre, Peuplier (fig. 21 A).

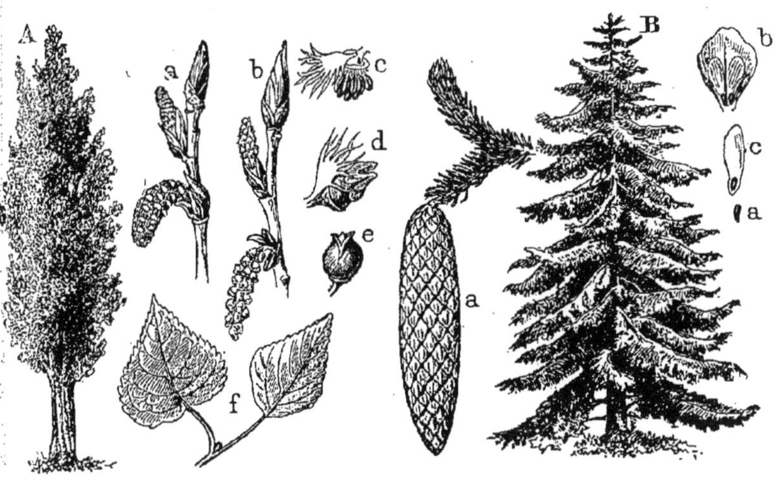

Fig. 21.

A. **Amentacées** (*Peuplier*).
a. b. c. d. fleurs ;
e. fruit ; f. feuilles.

B. **Conifère** (*Sapin*).
a. cône ; b. écaille ; c. graine avec
son aile ; a'. graine seule.

38. Famille des Conifères. — Elle comprend des arbres, toujours verts, et dont les fruits ont souvent la forme de cônes.

Ex. : Pin, Sapin (fig. 21 B), Cèdre.

Classe des Monocotylédones.

39. Les deux principales familles de cette classe sont les *Graminées* et les *Liliacées*.

40. Famille des Graminées. — Cette famille importante comprend toutes les *céréales* et la plupart des *plantes fourragères*.

Les fleurs, très simples, sont disposées en épis.

Ex. : Blé, Seigle, Orge, Avoine, Maïs (fig. 22 A B), Riz.

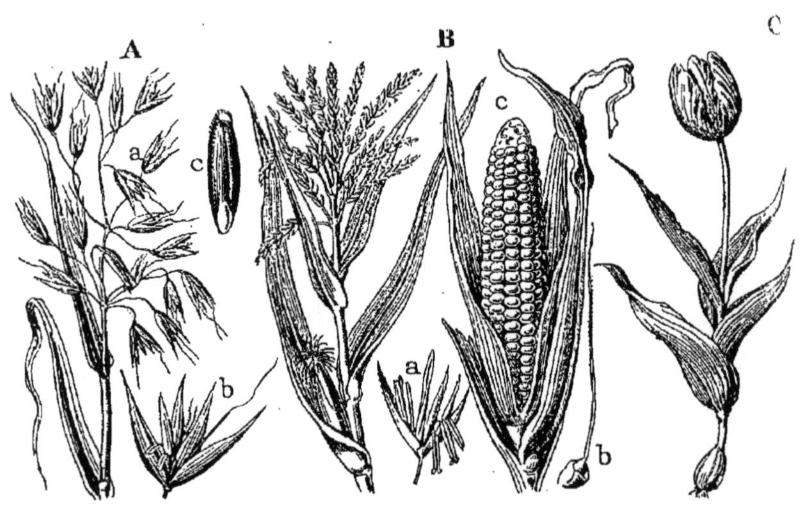

Fig. 22.

A. B. Graminées. **C. Liliacée.**

Avoine.
a. b. épillets ;
c. grain.

Maïs, extrémité d'une tige fleurie et épi mûr ; a. fleur staminée ; b. fleur pistillée.

Tulipe.
(oignon et fleur).

41. Famille des Liliacées. — Le **Lis** est le type de la famille ; il a six pétales et six étamines.

Ex. : Lis, Tulipe (fig. 22 C), Jacinthe, Ail, Oignon, Iris, Glaïeul, Narcisse.

L'Asperge, les Palmiers, sont aussi des Monocotylédones.

Plantes sans fleurs.

42. Les **Plantes sans fleurs** ou **Cryptogames** forment un embranchement, dont les principaux groupes sont :

Les *Fougères*, les *Mousses*, les *Algues*, les *Champignons* (fig. 23).

43. Les **Fougères** sont des végétaux qui portent sous leurs feuilles de petits grains nommés *spores*. Ces spores germent à terre, et reproduisent une nouvelle plante.

44. Les **Mousses** croissent surtout dans les endroits humides et dans les bois.

45. Les **Algues** sont des plantes marines ou d'eau douce, que l'on utilise comme engrais.

Fig. 23. — **Cryptogames.**

A. Fougère (*Polypode*). — B. Mousse (*Funaire hygrométrique*). — C. Algues (e. *Conferve*; f. *Characée*). — D. Champignons comestibles : (a. *Oronge*; b. *Morille*; c. *Gyrolle*; d. *Bolet.*)

Les **Microbes** (fig. 24) sont des Algues microscopiques, regardées comme la cause d'un grand nombre de maladies contagieuses : fièvre typhoïde, charbon, choléra, phtisie, rougeole, rhume, oreillons, etc.

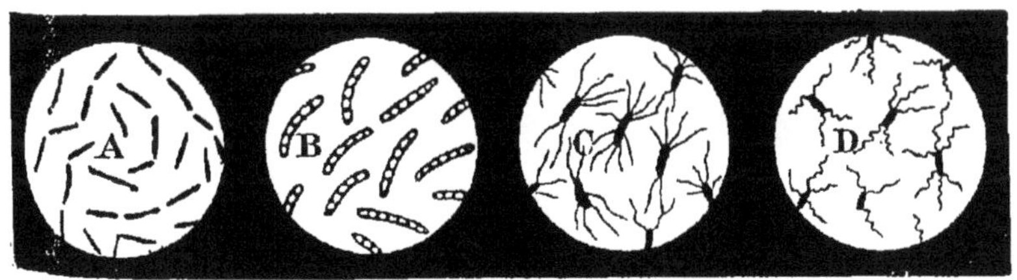

Fig. 24. — **Microbes.**

A. Bactéries du charbon. — B. Bacille de la tuberculose. — C. Microbe de la typhoïde. — D. Microbe du choléra.

46. Les **Champignons** atteignent quelquefois d'assez grandes dimensions ; quelques-uns sont comestibles, d'autres renferment de violents poisons.

Les *Moisissures* sont de petits Champignons qui se développent sur les cuirs, les fromages, les fruits, le pain.

Les *Levures*, ou *ferments* en petits grains, provoquent la fermentation du vin, de la bière.

Presque toutes les maladies des Pommes de terre et de la Vigne sont dues à divers Champignons microscopiques.

Plantes utiles.

47. Division. — Les plantes **utiles** peuvent être divisées en plantes : *alimentaires, fourragères, oléagineuses, textiles, tinctoriales* et *médicinales*.

48. Plantes alimentaires. — Ces plantes servent à notre alimentation (fig. 25 et 26). Nous mangeons comme **légumes** : les racines des Carottes, des Betteraves, du Radis, des

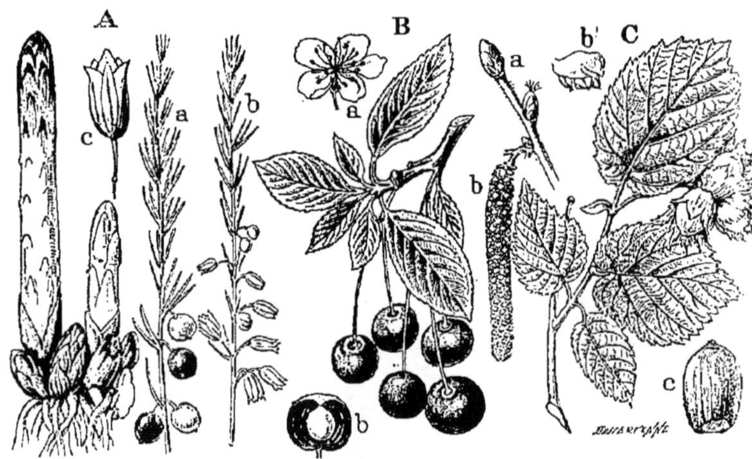

Fig. 25. — Plantes alimentaires.

A. *Asperge.*
a. b. rameaux
avec
fleurs
et graines ;
c. fleur
isolée.

B. *Cerisier.*
rameau
avec fruits ;
a. fleur ;
b. coupe
d'un
fruit.

C. *Noisetier.*
a. rameau fleuri avec
chaton de fleurs staminées ; a. fleur pistilée
dans un bourgeon ;
b'. fleur mâle staminée
grossie ; c. fruit.

Navets ; les bulbes des Oignons ; les tubercules des Pommes de terre ; les feuilles de l'Épinard, de l'Oseille, de la Laitue, du Chou ; les bourgeons du Chou de Bruxelles ; les jeunes pousses d'Asperge.

Les **arbres fruitiers** de nos pays appartiennent presque tous à la famille des Rosacées. Citons parmi ceux qui donnent des fruits à noyau : le Pêcher, l'Abricotier, le Prunier, le Cerisier ; parmi ceux qui donnent des fruits à pépins : le Néflier, le Pommier, le Poirier, le Cognassier. Le Fraisier et le Framboisier sont aussi des Rosacées.

Dans les fruits charnus, pomme, poire, melon,... nous mangeons l'enveloppe de la graine. Dans la noix, l'amande, la noisette et la châtaigne, nous mangeons la graine elle-même.

La gousse des Légumineuses, comme les Pois, les Haricots, est consommée entière lorsqu'elle est jeune ; leurs graines mûres sont un aliment nourrissant.

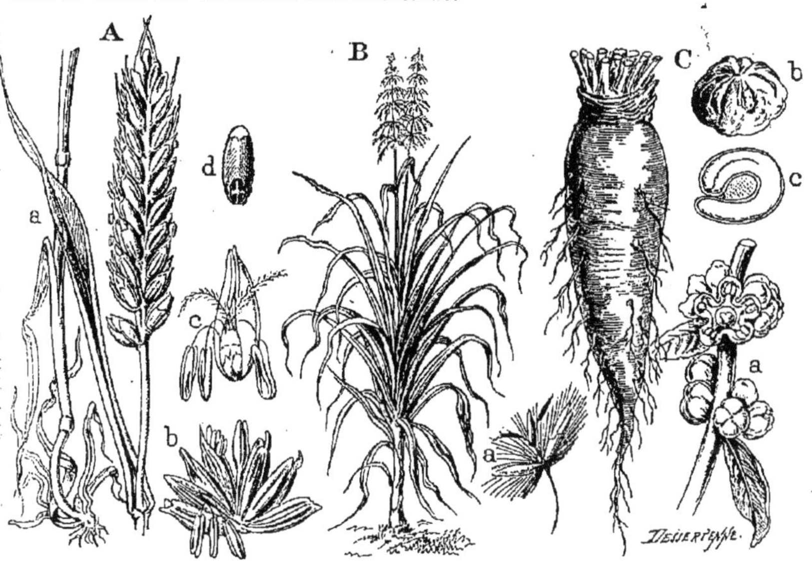

Fig. 26. — **Plantes alimentaires.**

A. **Blé**, tige et épi ;
b. épillet ; c. fleur ;
d. grain.

B. **Canne à sucre**
(hauteur 3 à 6ᵐ) ;
a. fleur.

C. **Betterave à sucre.**
a. fleurs ; b. graine ;
c. coupe d'une graine.

Les **Céréales** appartiennent à la famille des Graminées. Le Blé, le Seigle, l'Orge, le Riz, l'Avoine, sont la base de l'alimentation.

Le *Sarrasin* ou Blé noir donne un pain grossier ; il sert surtout à nourrir la volaille.

Le *sucre*, dont les usages sont si importants, est extrait de la tige de la Canne à sucre, grande Graminée des pays chauds. En France, on l'extrait de la racine de la Betterave. Beaucoup de fruits contiennent un sucre qui ne cristallise pas ; c'est le *glucose* ou sucre de fruits.

49. Plantes fourragères. — Dans les *prairies naturelles*, les plantes fourragères sont généralement des **Graminées**. Dans les *prairies artificielles*, on cultive des **Légumineuses** ou **Papilionacées** : le Trèfle, la Luzerne, le Sainfoin (fig. 27).

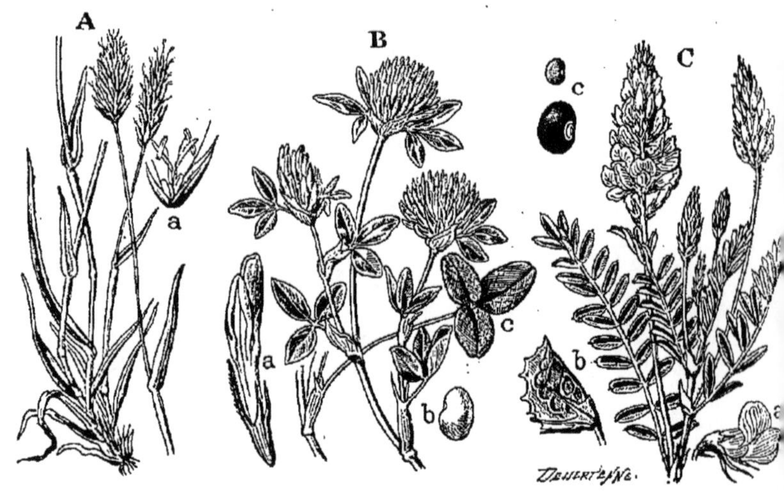

Fig. 27. — **Plantes fourragères.**

A. *Flouve odorante,*
avec ses épis.
a. fleur grossie.

B. *Trèfle des prés.*
a. fleur épanouie ;
b. graine.

C. *Sainfoin cultivé*
a. fleur ; b. fruit :
c. graine grossie c'
de grandeur naturelle

50. Plantes oléagineuses. — La graine des **plantes oléagineuses** donne des huiles comestibles (fig. 28), comme les huiles de noix, d'olive, de faîne (fruit du Hêtre), d'amande d'œillette ; cette dernière est extraite des graines d'un pavo cultivé dans le Nord.

L'*huile de Colza*, d'un goût désagréable, servait beaucou autrefois pour l'éclairage.

L'*huile de Lin*, qui sèche promptement (*huile siccative*), es employée en peinture pour la préparation des couleurs.

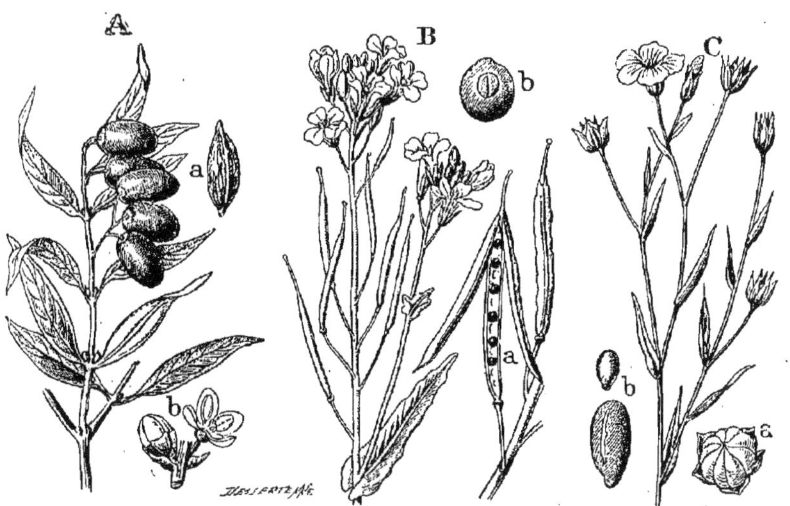

Fig. 28. — **Plantes oléagineuses et plante textile.**

A. Olivier.
rameau avec fruits ;
a. noyau ;
b. bouton et fleur grossis.

B. Colza.
sommité fleurie ;
a. fruit ou silique ;
b. graine.

C. Lin.
a. fruit capsule ;
b. graine grossie et
de grandeur naturelle.

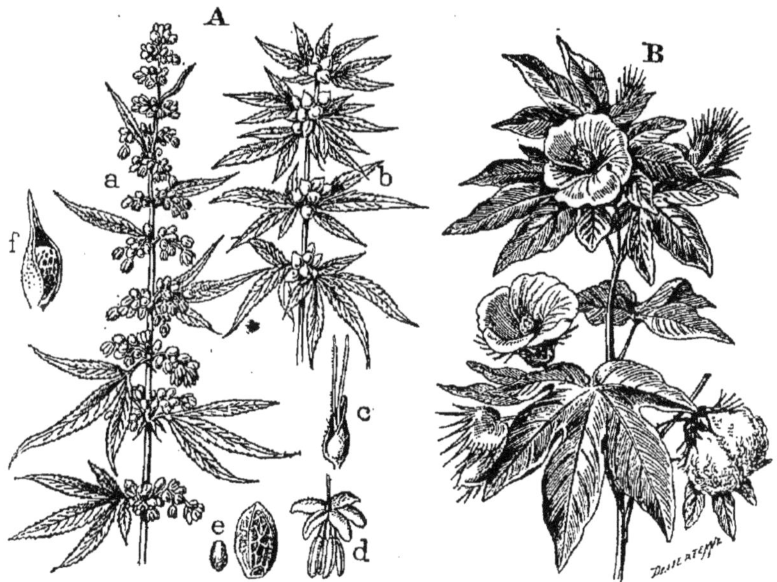

Fig. 29. — **Plantes textiles.**

A. **Chanvre :** a. pied à fleurs staminées ; b. pied à fleurs pistillées ; c. fleur staminée ; d. fleur pistillée ; f. fruit ; e. graine, grossie et de grandeur naturelle. — B. **Coton :** fleurs et fruits.

51. Plantes textiles. — Les écorces du **Chanvre** et du Lin fournissent des fibres que l'on peut filer et tisser.

Le **Coton** croît dans les pays chauds, son fruit est rempli d'un duvet blanc qui sert à fabriquer des étoffes variées (fig. 29).

52. Plantes tinctoriales. — Ces plantes donnent des matières colorantes, employées en teinture (fig. 30). La *Garance* fournit le rouge ; la *Gaude*, le jaune ; le *Pastel*, le bleu.

Elles sont peu cultivées depuis la découverte des belles mais fugitives couleurs, extraites des goudrons de houille.

L'*Indigotier*, qui fournit l'indigo, est un arbuste d'Asie.

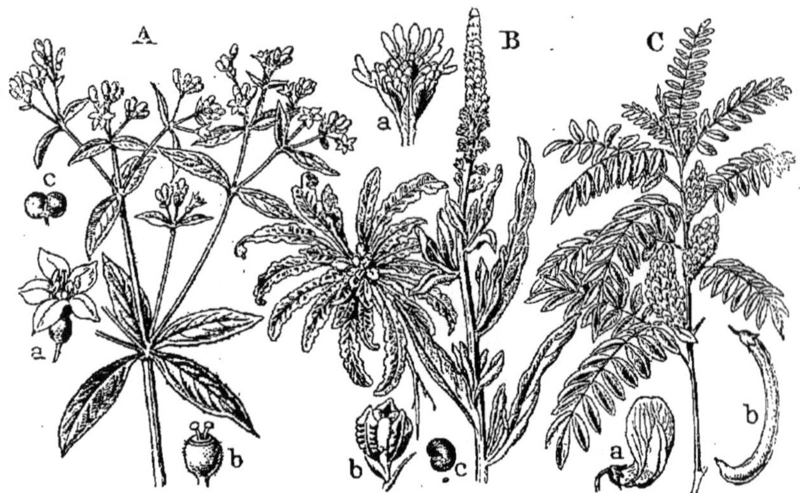

Fig. 30. — **Plantes tinctoriales.**

A. **Garance :** a. fleur grossie ; b. pistil ; c. fruit. — B. **Gaude,** feuilles radicales en rosette et sommité fleurie ; a. fleur grossie ; b. fruit ; c. graine de grandeur naturelle et grossie. — C. **Indigotier,** rameau fleuri ; a. fleur ; b. fruit.

53. Plantes médicinales. — Un grand nombre de plantes sont employées en médecine (fig. 31) ; quelques-unes, comme la Digitale, la Belladone, l'Aconit, la Ciguë, renferment de violents poisons, qui, pris à petites doses, sont souvent des remèdes très actifs.

L'écorce du **Quinquina** d'Amérique fournit la *quinine*, le meilleur remède contre la fièvre.

L'**Absinthe** est une plante médicinale ; mais la liqueur alcoolique, aromatisée avec cette plante, est dangereuse.

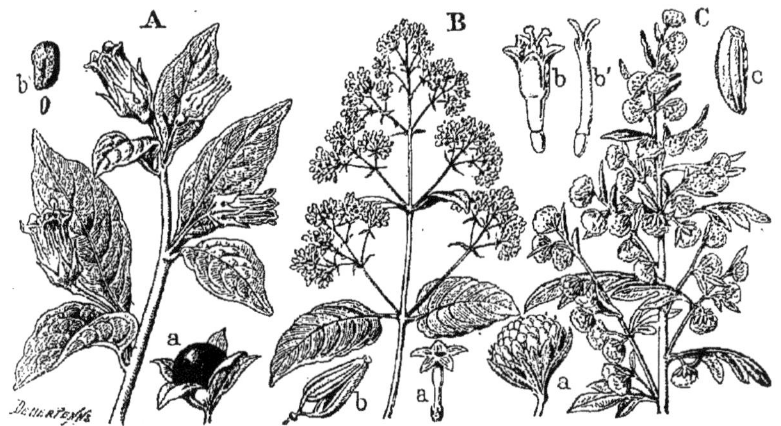

Fig. 31. — Plantes médicinales.

A. Belladone : a, fruit ; b, graine grossie et de grandeur naturelle. — B. Quinquina : a, fleur ; b, fruit. — C. Absinthe : a, capitule de fleurs ; b, b', fleurs ; c, fruit.

Plantes nuisibles.

54. Plantes des champs. — Les Chardons, les Pavots, les Bleuets, les Nielles, le Chiendent, qui poussent dans les blés, sont des plantes nuisibles (fig. 32).

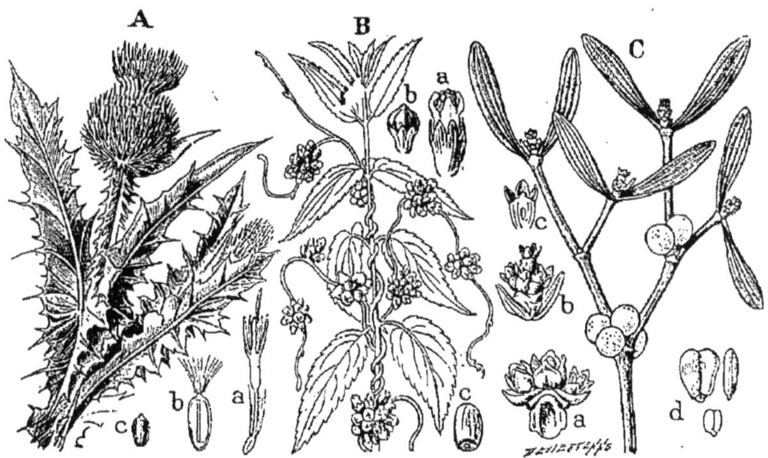

Fig. 32. — Plantes nuisibles.

A. Chardon : a, fleur ; b, fruit avec son aigrette ; c, graine. — B. Cuscute parasite sur une tige d'ortie : a, fleur grossie ; b, fruit ; c, graine. - C. Gui : a, inflorescence de fleurs staminées ; b, inflorescence de fleurs pistillées ; c, coupe d'une fleur pistillée ; d, graine grossie et de grandeur naturelle.

Il en est de même des **plantes parasites** qui croissent sur d'autres végétaux ; telles sont : la *Cuscute* qui vit sur la Luzerne, le *Gui* qui pousse sur les arbres, les *Rhinanthes* qui se multiplient sur les racines des Graminées.

RÉSUMÉ

On distingue les Plantes à fleurs ou Phanérogames, et les Plantes sans fleurs ou Cryptogames.

Les Phanérogames se divisent en deux classes : les Dicotylédones et les Monocotylédones.

Les principales familles des Dicotylédones sont : les Crucifères, les Ampélidées, les Légumineuses, les Rosacées, les Ombellifères, les Cucurbitacées, les Composées, les Solanées, les Labiées, les Amentacées, les Conifères.

Les principales familles des Monocotylédones sont : les Graminées, les Liliacées.

Les principales familles des Cryptogames sont : les Fougères, les Mousses, les Algues, les Champignons.

Les plantes utiles se divisent en : alimentaires, fourragères, oléagineuses, textiles, tinctoriales et médicinales.

Les plantes nuisibles croissent au milieu des récoltes, ou sur d'autres végétaux (plantes parasites).

LES MINÉRAUX

ROCHES

1. Définition. — Les **minéraux** forment la partie solide de la Terre. Lorsque les minéraux sont en masses importantes, on leur donne le nom de **roches**.

2. Division. — Toutes les roches n'ont pas le même aspect : les unes sont en *couches superposées* plus ou moins épaisses ; les autres, de *structure massive,* semblent avoir traversé les premières.

Fig. 1. — **Les roches.**

A. Masses de roches éruptives ou cristallines. — B. et C. Roches stratifiées ou sédimentaires : soulevées (B, B); non soulevées (C, C).

Les roches en couches superposées, **roches stratifiées** (fig. 1), ont été produites par les *sédiments* ou dépôts des eaux. On y trouve souvent des coquilles, des empreintes de feuilles, des ossements transformés en pierres : c'est ce qu'on appelle des *fossiles.*

Les dépôts actuels des mers, des lacs, des rivières, de quelques sources, nous montrent comment se sont formées les roches sédimentaires.

Les *roches massives*, appelées aussi **cristallines** ou **éruptives**, sont venues du centre de la Terre à l'état de fusion et se sont solidifiées par le refroidissement; elles ne renferment jamais de fossiles. Les *laves* des volcans actuels offrent des exemples de roches éruptives.

3. Roches éruptives. — Les roches éruptives les plus importantes sont : le *granite*, le *porphyre*, le *basalte*, la *pierre ponce* (fig. 2).

Le **granite** est formé de grains de *quartz* blanc, transparent comme du verre ; de *feldspath*, rose opaque ; et de *mica*, doré ou argenté, en petites plaques brillantes.

Le granite est abondant en Auvergne, en Bretagne, dans les Alpes. On l'emploie dans les constructions.

Fig. 2.

A. **Granite.**　　　B. **Porphyre.**　　　C. **Gneiss.**

Le **gneiss** a la même composition que le granite, dont il se distingue par une structure feuilletée. C'est une roche des terrains primitifs qui s'est modifiée au contact des roches éruptives.

Le **porphyre** est une roche de couleur sombre, dans laquelle on trouve des cristaux de feldspath, d'une nuance plus claire que celle de la pâte qui les englobe. Les porphyres polis sont des pierres d'ornement.

Les **basaltes** (fig. 4) sont des roches noires, compactes, formant souvent des colonnes prismatiques à cinq ou six faces. On les rencontre dans les pays volcaniques, en Irlande, en Auvergne.

La **pierre ponce** est une roche volcanique grise, très légère, employée pour polir les pierres et les métaux.

C'est dans les terrains éruptifs qu'on trouve la plupart des **pierres précieuses** : le *rubis*, le *saphir*, le *grenat*, l'*émeraude*. Les **minerais** des métaux industriels appartiennent aussi à ces terrains.

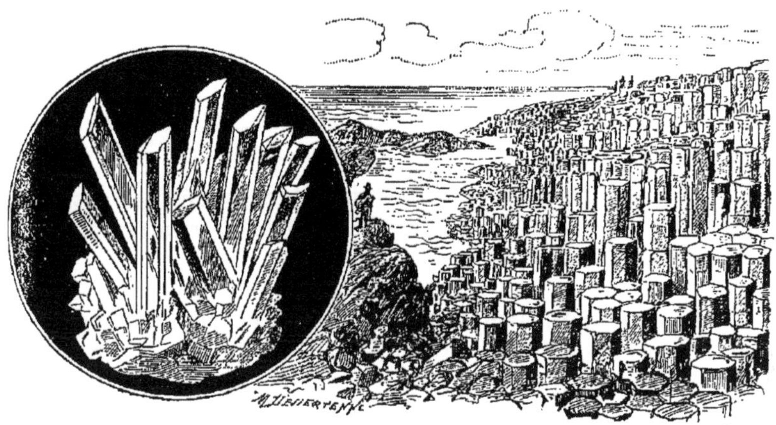

Fig. 3. — Cristaux de **quartz**.

Fig. 4. — **Basalte** en prismes. Chaussée des Géants (Irlande).

4. Roches stratifiées. — Les roches stratifiées peuvent se diviser en : *roches siliceuses*, *roches argileuses* et *roches calcaires* (fig. 5).

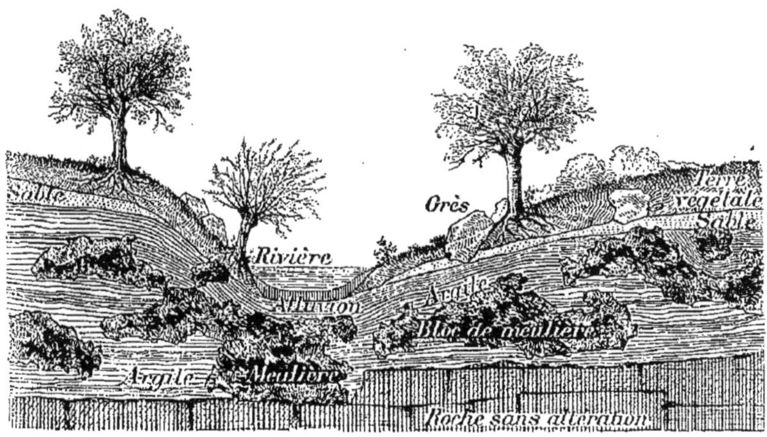

Fig. 5. — **Roches stratifiées** et blocs de **pierre meulière** disséminés dans l'argile.

5. Roches siliceuses. — Les roches siliceuses sont dures, et ne sont pas attaquées par les acides. Les principales sont :

Le **quartz**, ou cristal de roche (fig. 3) ; le **silex**, qui fait feu au briquet. Quelques variétés de silex, nommées *pierres meulières*, servent à faire des meules de moulin et à construire des murs très résistants ;

Les **sables**, grains de quartz produits par la désagrégation des granites et des gneiss ;

Les **grès**, formés de grains de sable soudés par les dépôts des eaux. Certains grès durs sont taillés pour faire des meules à aiguiser ou des pavés.

6. Roches argileuses. — Les roches argileuses ont pour base l'argile, qui résulte de la décomposition du feldspath des granites. C'est une substance molle, de couleur variable, facile à pétrir, qui se durcit lorsqu'on la cuit au feu.

Les argiles grossières servent à la fabrication des tuiles, des briques, des poteries. L'argile, blanche et fine, nommée **kaolin**, sert à fabriquer les objets en faïence et en porcelaine (fig. 6).

Les sculpteurs modèlent leurs statues en terre glaise, et les moulent ensuite en plâtre.

Les argiles, fortement comprimées dans le sol, se durcissent, prennent une structure feuilletée et deviennent des *schistes*, faciles à diviser en lames.

Fig. 6.
Fabrication des poteries en argile.

Les ardoises sont des lames de schiste utilisées pour couvrir les maisons, pour faire des tablettes et des cloisons.

Les schistes d'Autun sont imprégnés d'une *essence minérale* que l'on extrait par la distillation ; cette huile sert à l'éclairage.

7. Roches calcaires. — Les roches de la Champagne, du Jura, de la Normandie et d'une grande partie de la France, sont des **calcaires**.

Lorsqu'on verse un acide ou simplement du fort vinaigre sur ces roches, elles font effervescence, ce qui les distingue des roches siliceuses ou argileuses (fig. 7).

Les **albâtres** sont des calcaires translucides ou zonés de diverses couleurs.

Les **marbres,** calcaires à structure cristalline et diversement colorés, sont employés dans la sculpture et l'architecture.

Fig. 7. — Si l'on verse un acide sur le calcaire, il se dégage du gaz carbonique.

Les **calcaires compacts**, faciles à travailler, servent aux constructions en pierres de taille ou en moellons.

La **craie** est un calcaire blanc et tendre ; les variétés fines sont pulvérisées et employées à la fabrication

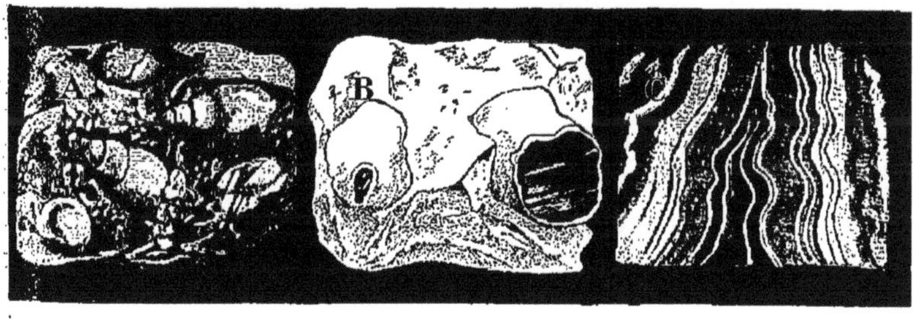

Fig. 8. — Calcaires.

A. **Calcaire** grossier avec coquilles fossiles. — B. Fragment de craie blanche avec rognons de **silex.** — C. **Albâtre** zoné, poli à la meule.

des crayons pour tableaux noirs, ou du *blanc d'Espagne* pour nettoyer les vitres.

La **marne** est un mélange naturel de calcaire et d'argile, que les agriculteurs répandent sur les champs qui manquent de calcaire. Les marnes activent la végétation des trèfles, des luzernes.

8. Chaux. — Les calcaires, fortement chauffés dans un four (fig. 9), perdent leur gaz carbonique et se transforment en **chaux vive**. Lorsqu'on verse de l'eau sur la chaux vive, cette eau est absorbée, la pierre s'échauffe, augmente de volume, et tombe bientôt en poussière : c'est alors la **chaux éteinte**.

Fig. 9. — **Four à chaux.**   Fig. 10. — **Four à plâtre.**

Un mélange de chaux éteinte, de sable et d'eau, constitue le **mortier**, employé dans la maçonnerie. Le mortier, mou d'abord, devient bientôt dur comme la pierre.

Les calcaires argileux donnent, par la cuisson, des chaux qui durcissent dans l'eau : ce sont les **chaux hydrauliques**, employées dans les constructions des ponts, des quais, des réservoirs.

Si la proportion d'argile est plus considérable, on obtient des **ciments** qui durcissent rapidement à l'air ou dans l'eau.

Si l'on ajoute au ciment du sable et des cailloux, on obtient le **béton**, employé pour les fondations de maisons et de ponts.

Le **béton armé** est une maçonnerie de béton dans laquelle sont logés des tiges d'acier formant une armature.

9. Plâtre. — Le plâtre est une poudre fine qui, mêlée à l'eau, sert dans les constructions, les enduits. On le prépare en calcinant légèrement une pierre tendre, le *gypse* ou *sulfate de calcium*, qui ne fait pas effervescence avec les acides.

Le **gypse** se trouve en masses dans le sol. Il est quelquefois cristallisé en fer de lance; d'autres fois sa structure est cristalline comme celle de l'albâtre calcaire, dont il a les usages.

Le plâtre, mêlé avec de la colle-forte, donne une pâte qui durcit lentement et peut être polie comme le marbre; c'est le **stuc**, que l'on colore avec des oxydes minéraux.

Le plâtre est employé en agriculture pour activer la végétation des plantes fourragères.

10. Phosphate de chaux. — Les débris d'ossements et de coquilles qu'on trouve dans les terrains sédimentaires ont formé une pierre riche en chaux, très recherchée comme engrais minéral : c'est le *phosphate de calcium*, exploité dans les Ardennes, la Somme, le Lot, l'Auvergne.

RÉSUMÉ

Les roches sont des minéraux groupés en masses considérables.

Elles se présentent : 1º en couches stratifiées, formées par les dépôts des eaux, et qui renferment souvent des fossiles; 2º en masses cristallines ou éruptives, provenant des matières centrales en fusion, et qui ne renferment jamais de fossiles.

Principales roches éruptives :
Granite : quartz, feldspath, mica.
Gneiss : contient les éléments du granite, structure feuilletée.
Porphyre : masse compacte avec cristaux de feldspath.
Basalte : roche massive, lourde, souvent divisée en prismes.
Pierre ponce : roche volcanique, légère, poreuse.
La plupart des pierres précieuses et des minerais métalliques proviennent des terrains éruptifs.

Principales roches stratifiées :
Siliceuses : quartz, silex, sable, grès.
Argileuses : argile, schiste, ardoise.
Calcaires : albâtre, marbre, calcaire grossier, craie, marne.
Gypse ou sulfate de calcium.
Phosphate de calcium.

AGRICULTURE

CHAPITRE I

LES TERRAINS, LEUR AMÉLIORATION

1. Définition. — L'agriculture est l'art de cultiver la terre avec le moins de frais possible, en vue d'obtenir des végétaux utiles.

2. Sol. — Le **sol** est la couche superficielle dans laquelle se développent les racines. Il est formé de deux parties principales (fig. 1) : le sol actif et le sol inerte.

Fig. 1. — Diverses parties du sol.

1° **Le sol actif** ou **arable** est la couche travaillée par les instruments aratoires ; son épaisseur augmente par les labours profonds..

2° **Le sol inerte** et **le sous-sol**, situés au-dessous du sol labouré. Ils peuvent être d'une nature différente de celle du sol arable.

Le sol comprend une **matière organique**, l'*humus*, produite par la décomposition des végétaux, et une **matière minérale**, formée de roches désagrégées : *sable, argile, calcaire*.

3. Classification des terrains. — D'après la prédominance des éléments du sol, on distingue les terrains : *siliceux, argileux, calcaires* et *limoneux*.

4. Terrains siliceux. — Les terrains siliceux sont formés de sables à grains plus ou moins fins. Lorsqu'ils contiennent plus de 60 % de silice, ils sont dits **sablonneux**. Ces terrains, sans consistance, se dessèchent rapidement après la pluie. Ils demandent des engrais abondants et fréquents.

5. Terrains argileux. — Les terrains argileux contiennent de 30 à 40 % d'argile ou *terre glaise*. Ils sont gras, difficiles à travailler, se crevassent par la sécheresse, mais donnent de bonnes récoltes quand ils sont saturés d'engrais.

6. Terrains calcaires. — Les terrains calcaires contiennent de 50 à 80 % de carbonate de calcium. Ils sont peu fertiles, perdent facilement leur humidité, et demandent d'abondantes fumures.

7. Terrains limoneux. — Les terrains limoneux ou **d'alluvions** sont des dépôts amenés par les eaux, dans les vallées et les plaines basses. Ils sont légers, riches en humus, faciles à cultiver.

L'humus est une substance légère, d'un brun foncé, provenant de la décomposition des plantes, des feuilles d'arbres et des engrais : c'est la partie nutritive du sol arable.

Les débris des plantes aquatiques donnent des *terres tourbeuses*, acides, peu productives. Les *terres de bruyère*, recherchées pour la culture de quelques fleurs, proviennent de la décomposition des bruyères.

On appelle **terres franches** celles qui contiennent, en proportions convenables, les quatre principaux éléments d'un bon sol arable, soit : 40 à 60 % de silice, 10 à 15 % d'argile, 15 à 30 % de calcaire, et 5 à 10 % d'humus.

8. Nécessité des amendements et des engrais. — Le sol, pour être productif, doit être composé d'un mélange d'humus, de silice, d'argile et de calcaire, dans certaines proportions.

On supplée au manque ou à l'insuffisance de quelqu'un de ces éléments par les *amendements* et les *engrais*.

9. Amendements. — Les **amendements** sont des substances que l'on ajoute au sol pour l'améliorer, soit en donnant du corps aux terres trop légères, soit en ameublissant celles qui sont trop fortes, soit en corrigeant l'acidité des terres tourbeuses.

Les principaux amendements sont :

1° La *chaux*, qui rend les terres argileuses moins compactes et facilite la décomposition des engrais;

2° La *marne*, mélange naturel d'argile et de calcaire, employée dans les terres argileuses et siliceuses ;

3° Le *plâtre*, les *décombres*, les *cendres*, la *suie*, qui ameublissent les sols trop compacts.

La plupart de ces amendements agissent aussi comme engrais.

10. Engrais. — Les **engrais** sont des débris animaux ou végétaux, ou des substances minérales, que l'on ajoute au sol pour restituer les éléments que les plantes lui ont enlevés, et augmenter sa fertilité (fig. 2).

D'après leur origine, on distingue quatre sortes d'engrais : *animaux, végétaux, mixtes, chimiques*.

11. Engrais animaux. — Les principaux **engrais animaux** sont :

1° Les *déjections humaines*, désséchées ou liquides, mêlées quelquefois au plâtre et au sulfate de fer; c'est l'un des plus riches engrais;

2° La *colombine* et la *poulaille*, excréments des oiseaux de basse-cour;

3° Le *guano* du Pérou, formé des déjections d'oiseaux de mer; il est riche en azote et en acide phosphorique;

4° Les *os* pulvérisés, le *sang* et les *chairs* desséchés, les *poils*, les *cornes*, les débris de *peaux*, etc.

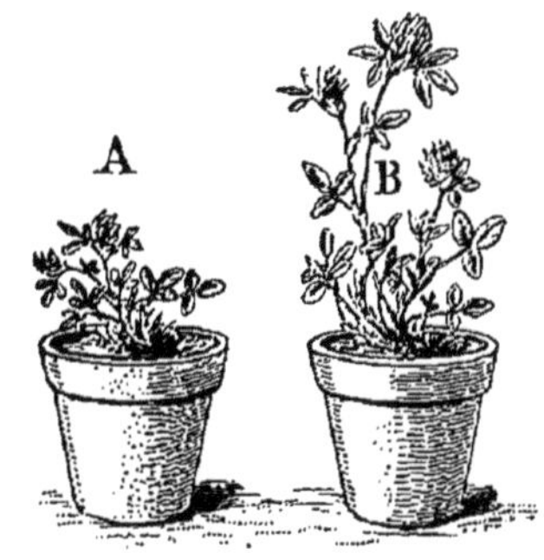

Fig. 2.

A. Plante **sans** engrais.
B. Plante **avec** engrais.

12. Engrais végétaux. — On enfouit comme **engrais verts**, au moment de la floraison : les trèfles, les pois, la luzerne, les vesces, le lupin : plantes riches en azote.

On emploie comme **engrais secs** : les feuilles mortes, les bruyères, les marcs de raisins ou de pommes, les cendres de bois, les varechs, etc.

13. Engrais mixtes. — Les excréments solides et liquides des animaux domestiques, mêlés à la litière, forment le **fumier de ferme** (fig. 3).

Fig. 3. — **Plate-forme à fumier et fosse à purin.**

Fig. 4. — **Épandage du purin.**

Le **purin**, ou jus de ce fumier, que l'on doit toujours recueillir, est l'un des plus riches fertilisateurs (fig. 4).

14. Engrais chimiques. — Ces engrais sont : le *noir animal* ou os calcinés, les *phosphates naturels*, les *coquilles fos-*

siles, les *scories* des usines métallurgiques, l'*azotate de sodium* du Chili, l'*azotate de potassium*.

15. Assolements. — On appelle **assolement** l'ordre dans lequel doivent se suivre les récoltes.

Lorsqu'on cultive plusieurs fois de suite la même plante dans le même terrain, il s'épuise, malgré les engrais qu'on lui donne. Il faut partager la terre en surfaces à peu près égales, qu'on appelle **soles**, pour y faire succéder les cultures dans un ordre constant.

L'assolement peut être de deux, de trois ou de quatre ans.

Dans un assolement de trois ans, on pourrait partager ainsi les récoltes :

Ire ANNÉE		
BLÉ	AVOINE	TRÈFLE

2e ANNÉE		
AVOINE	TRÈFLE	BLÉ

3e ANNÉE		
TRÈFLE	BLÉ	AVOINE

16. Succession des cultures. — On fait succéder aux plantes *épuisantes* et *salissantes*, comme les céréales, qui laissent le sol couvert de nielles, bleuets, coquelicots, chiendent, etc., des plantes *nettoyantes*, telles que la pomme de terre, la betterave, le tabac, qui demandent des binages et des sarclages fréquents.

La luzerne, le trèfle, le sainfoin, sont des plantes *améliorantes*, qui donnent au sol une grande quantité d'azote ; on les fait succéder aux plantes épuisantes.

Il y a avantage à faire succéder des plantes à *racines pivotantes* aux plantes à *racines traçantes* : l'engrais est ainsi entièrement utilisé dans les différentes couches du sol.

17. Friche et jachère. — On laisse quelquefois la terre **en friche**, c'est-à-dire sans culture, pendant un an ou deux, pour la faire reposer.

Une terre **en jachère** ne porte aucune récolte, mais reçoit des labours et des engrais qui la préparent aux récoltes de l'année suivante.

L'assolement et les engrais bien appliqués permettent de supprimer les friches et les jachères.

18. Irrigation. — Pour donner la fraîcheur à la terre, on capte les eaux courantes et on les distribue sur le sol au moyen de petits canaux ou *rigoles*.

19. Drainage. — Lorsqu'un terrain est trop humide, on creuse des tranchées dans lesquelles on met des *drains* ou tuyaux, pour recueillir l'eau en excès et la faire écouler.

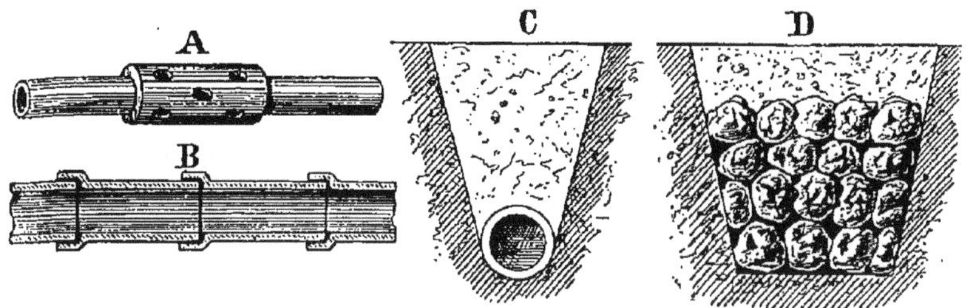

Fig. 5. — **Drainage.**

A B C. **Tuyaux** de drainage. — D. Drainage avec **empierrement**.

On remplit quelquefois les fossés de pierrailles pour remplacer les drains. Si les eaux sont à la surface, on se contente de pratiquer des rigoles pour faciliter leur écoulement.

RÉSUMÉ

L'agriculture est l'art de cultiver la terre pour en obtenir des produits utiles.

Le sol comprend le sol arable et le sous-sol.

Les terrains se divisent : en siliceux, argileux, calcaires, limoneux.

Les meilleures terres, ou terres franches, renferment en proportions convenables : la silice, l'argile, le calcaire et l'humus.

Les amendements que l'on ajoute au sol pour l'améliorer sont : la chaux, la marne, le plâtre, les décombres...

D'après leur origine, on distingue quatre sortes d'engrais : animaux, végétaux, mixtes, chimiques.

L'assolement est l'ordre dans lequel se succèdent les cultures.

Pour donner de la fraîcheur aux terres trop sèches, on pratique l'irrigation.

Dans les terrains trop humides, on établit le drainage.

CHAPITRE II

LABOURS, SEMIS ET RÉCOLTES

20. Labours. — Les **labours** préparent le sol à recevoir les cultures ; ils l'aèrent, l'ameublissent, le débarrassent des plantes inutiles, et servent à enfouir les engrais et les semences.

21. Instruments aratoires. — Les principaux instruments de labour sont : la *charrue*, la *fouilleuse*, la *herse*, la *bêche*, la *houe*, le *râteau*, les *rouleaux*.

La charrue pour les champs, et la bêche pour les jardins, coupent la terre par tranches et la retournent pour l'ameublir.

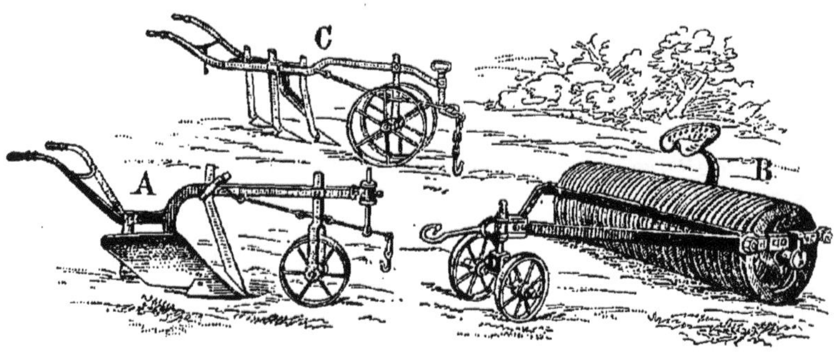

Fig. 6. — Quelques instruments aratoires.
A. Charrue. — C. Fouilleuse à trois socs. — B. Rouleau ondulé.

La **charrue** est formée de diverses parties, dont les principales sont : le *coutre* ou couteau, qui coupe la terre verticalement ; le *soc*, qui la tranche horizontalement ; le *versoir*, qui la retourne et ouvre le sillon.

Les **fouilleuses** possèdent de longues dents fixées à un

bâti. On fait passer la fouilleuse après la charrue, pour remuer le sol à une plus grande profondeur.

La **herse** (fig. 7) se compose d'un châssis en bois ou en fer, muni de fortes dents, qui déchirent le sol labouré et émiettent les mottes de terre.

Le **râteau** à main remplace la herse dans les jardins.

Le **rouleau** est un cylindre en bois, en fer ou en pierre, muni d'un châssis d'attache pour la traction. Il écrase les mottes dures, et resserre le sol soulevé par la gelée.

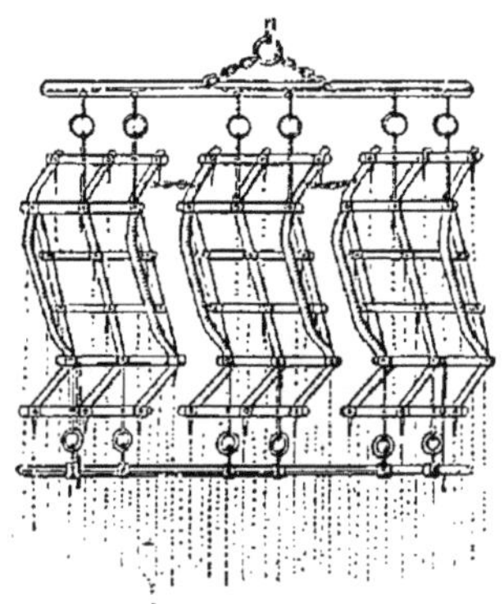

Fig. 7. — **Herse articulée.**

22. Conservation des semences. — Pour conserver les **semences** et les préserver de la moisissure, de la fermentation et des ravages des insectes, il faut les placer dans un lieu sec, les disposer en petits tas et les remuer souvent.

On emploie aussi le *sulfatage* et le *chaulage*.

Le **sulfatage** consiste à verser sur le tas de blé, choisi pour la semence, une dissolution contenant 1 kilogramme de sulfate de cuivre ou vitriol bleu par hectolitre d'eau, en remuant le tas avec une pelle de bois (fig. 8).

Le **chaulage** se pratique en répandant, sur les grains humectés par le sulfatage, de la chaux éteinte, en poudre.

Les grains ainsi préparés sont préservés des insectes, de la carie, du charbon, et germent plus facilement.

23. Ensemencements. — Les ensemencements dans les grandes cultures portent le nom de semailles; on les appelle **semis** dans les jardins.

On sème à la *volée*, en *lignes* (fig. 9) ou en *poquets*.

Avant les semailles, le terrain doit être ameubli par des labours et nettoyé des mauvaises herbes.

Fig. 8. — **Vitriolage et chaulage du blé.**

Fig. 9. — **Emploi du semoir mécanique** en lignes.

24. Récoltes. — La **récolte** consiste à recueillir les fruits de la terre. Elle prend le nom de **fenaison** pour les foins, **moisson** pour les céréales, **vendange** pour les

Fig. 10. — La moisson.
Moissonneuse lieuse. — 1. Faux à râteau. — 2. Faucille.

raisins, **cueillette** pour les fruits, **arrachage** pour les racines et les tubercules.

Les principaux instruments employés pour la moisson sont la **faucille** et la **faux**. Les **moissonneuses** mécaniques sont utilisées dans la grande culture (fig. 10).

Les grains sont séparés de leurs enveloppes par le **fléau** ou le **rouleau**, et nettoyés ensuite avec le **tarare**. Les **batteuses** mécaniques font le travail plus rapidement, et rendent le grain très propre.

25. Principales cultures.

— Les cultures les plus importantes sont celles des **céréales**, des **plantes sarclées**, des **plantes fourragères** et des **plantes industrielles**.

La culture de la vigne porte le nom de **viticulture**.

26. Viticulture.

— La **vigne** se reproduit par semis, boutures, marcottes et greffes.

La terre sur laquelle on la cultive doit être labourée, binée et souvent fumée, si l'on veut obtenir d'abondantes récoltes. Chaque année, les vignes sont taillées et palis-

Fig. 11. — **Travaux du vignoble.**

Taille de la vigne.   Sulfatage de la vigne.   Vendange.

sées. On les préserve des ravages de nombreuses maladies par des traitements spéciaux.

Le **soufrage** détruit l'oïdium; le **sulfatage** à la *bouillie bordelaise* fait disparaître le *mildiou*, le *black rot*, le *white rot* et la plupart des maladies produites par des champignons microscopiques.

Les racines sont souvent attaquées par le **phylloxera**, petit insecte que l'on détruit par des injections de *sulfure de carbone*. Pour protéger les vignobles contre ses ravages, on greffe la vigne française sur des *plants américains*, dont les racines vigoureuses sont plus résistantes.

RÉSUMÉ

Les labours préparent le sol à recevoir les diverses cultures.

Les principaux instruments de labour sont : la charrue, la bêche, la houe, le râteau, la herse, les rouleaux.

On préserve les semences par le sulfatage et le chaulage.

Les ensemencements comprennent les semailles et les semis.

Parmi les récoltes on distingue : la fenaison, la moisson, les vendanges, la cueillette des fruits, l'arrachage des racines ou des tubercules.

Les principales cultures sont celles des céréales, des plantes sarclées, des plantes fourragères et des plantes industrielles.

La viticulture est la culture de la vigne.

Le soufrage et le sulfatage préservent la vigne des maladies produites par de petits champignons. On la protège contre le phylloxera par le sulfure de carbone et par la greffe sur plants américains.

CHAPITRE III

HORTICULTURE ET ARBORICULTURE

27. Définition. — L'horticulture est l'art de cultiver les jardins, pour leur faire produire des légumes, des fleurs et des fruits.

28. Travaux de jardinage. — Les travaux des jardins sont variés ; ils comprennent :

Les *fumures* et le *bêchage*, les *semis* et le *repiquage*, les *binages* et les *sarclages*, les *buttages* et l'emploi des abris (fig. 12 et 13).

Fig. 12. — Travaux de jardinage.
A. Arrosage. — B. Bêchage. — C. Plantation. — D. Transport du fumier.

Bêchage. — Le **bêchage**, ou labour à la bêche, se pratique toute l'année ; il ameublit le sol, et permet d'y mélanger les engrais.

Semis et repiquage. — Les **semis** demandent une terre bien meuble et peu humide ; ils se font en *lignes*, en *poquets* ou à la *volée*.

Fig. 13. — Arboriculture. — Abris divers.
A. Plantation d'arbre. — B. Taille — C. Ratissage. — D, E, F. Tailles diverses. G. Bâche. — H. Cloche. — I. Châssis et paillasson. — J. Serre.

5 — Notions de sciences n° 200.

Le **repiquage** consiste à transplanter les jeunes plantes d'un semis et à les mettre en place, à distance convenable, pour qu'elles se fortifient et multiplient leurs racines.

Il faut avoir soin de les arroser pour faciliter la reprise. L'*arrosage* se fait le soir ou le matin, jamais pendant la grande chaleur du jour.

Binages. — Les **binages**, labours à la *binette*, à la *houe*, consistent à ameublir la partie supérieure d'un terrain déjà planté, pour le rendre perméable aux gaz de l'atmosphère et lui conserver sa fraîcheur.

Sarclages. — Par les **sarclages**, on arrache les mauvaises herbes qui se multiplient dans les cultures; on sarcle à la main ou à la binette.

Les allées se nettoient avec la *ratissoire*.

Buttage. — **Butter**, c'est amonceler de la terre autour de la tige des plantes pour les mettre à l'abri de la gelée, ou favoriser l'émission de nouvelles racines.

Abris. — On appelle **abris** tout ce qui peut préserver les plantes de la gelée, des pluies battantes ou d'un soleil trop ardent; tels sont : les *murs*, les *haies*, les *paillassons*, les *couvertures* (fig. 13).

Les **cloches** en verre abritent les jeunes plantes contre les variations trop brusques de la température.

Les **bâches** sont des coffres sans fond, dans lesquels on accumule des *fumiers chauds*, qu'on recouvre d'une mince couche de terre. Les semis faits sur ces couches lèvent rapidement. On recouvre les bâches de *panneaux vitrés* ou **châssis**, qu'on soulève à volonté.

Les **serres** sont des bâtiments à larges surfaces vitrées. On y conserve les plantes à l'abri des gelées.

Les *serres chaudes* entretiennent une température de 20 à 30°; les *serres tempérées*, de 15 à 20°. Les *serres froides*, comme les orangeries, garantissent les plantes de la gelée.

29. Arbres fruitiers. — Les arbres fruitiers sont cultivés dans les jardins ou les *vergers*.

On **plante** les arbres depuis la chute des feuilles jusqu'au départ de la sève, en mars, avril ; on peut les tailler pendant le même temps.

La **taille** des arbres a pour but de les débarrasser des branches inutiles, de leur donner une forme agréable, et d'en obtenir des fruits plus gros et meilleurs.

RÉSUMÉ

L'horticulture est l'art de cultiver les jardins.

Les travaux du jardinage comprennent : les fumures et le bêchage, les semis et les repiquages, les binages, les sarclages et le buttage.

Pour préserver les plantes des intempéries des saisons, on se sert d'abris, tels que : cloches, bâches et châssis; serres froides, tempérées ou chaudes.

Les arbres fruitiers sont cultivés dans les vergers; ils exigent du soin pour leur plantation et pour leur taille.

PHYSIQUE

CHAPITRE I

ÉTATS DES CORPS, PESANTEUR

1. Définition. — La **Physique** a pour objet l'étude des propriétés générales des corps, et des lois qui modifient leur état ou leur mouvement, mais sans changer leur nature. Les effets de la pesanteur, la chute des corps, la fusion des solides, les vibrations sonores, lumineuses ou électriques, sont des *phénomènes physiques*.

La **Chimie** étudie spécialement les propriétés particulières des corps et les nouvelles propriétés qu'ils acquièrent par leur action mutuelle. Ainsi la combinaison de l'hydrogène et de l'oxygène pour former de l'eau, du fer et du soufre pour former du sulfure de fer, sont des *phénomènes chimiques*.

2. Trois états des corps. — Tous les corps de la nature se présentent à nos yeux sous **trois états différents** : ils sont *solides, liquides* ou *gazeux*. L'eau à l'état de glace est solide, la glace se fond et devient liquide ; si on chauffe cette eau, elle passe à l'état de vapeur et devient gazeuse (fig. 1). La vapeur d'eau refroidie redevient liquide et peut se transformer en glace.

Un morceau de soufre peut aussi passer par ces trois états ; il en est de même d'un lingot de plomb porté à une haute température.

Les corps peuvent donc être solides, liquides ou gazeux, suivant la température.

Fig. 1. — **Les trois états des corps.**
A. Eau à l'état solide (glace). — B. Liquide. — C. Gazeux (vapeur).

Un **solide** est un corps plus ou moins dur et compact, qui conserve sa forme.

Un **liquide** est formé de parties très mobiles qui glissent les unes sur les autres, jusqu'à ce que sa surface libre soit horizontale. Un liquide n'a pas de forme par lui-même : il prend celle du vase qui le contient.

Un **gaz** est insaisissable ; il n'a aucune forme déterminée et tend toujours à augmenter de volume ; il ne peut être conservé qu'en vase clos.

Effets de la pesanteur.

3. Chute des corps. — On appelle **pesanteur** la force qui attire tous les corps vers la terre.

Si on laisse tomber de la même hauteur un morceau de plomb, un bouchon de liège et une feuille de papier, ils ne toucheront pas la terre en même temps : le plomb arrivera le premier, puis le liège et le papier.

Les trois corps ne sont pas arrivés ensemble sur le sol, parce que l'air a opposé de la résistance à leur chute.

Pour prouver cette résistance de l'air, on met dans un

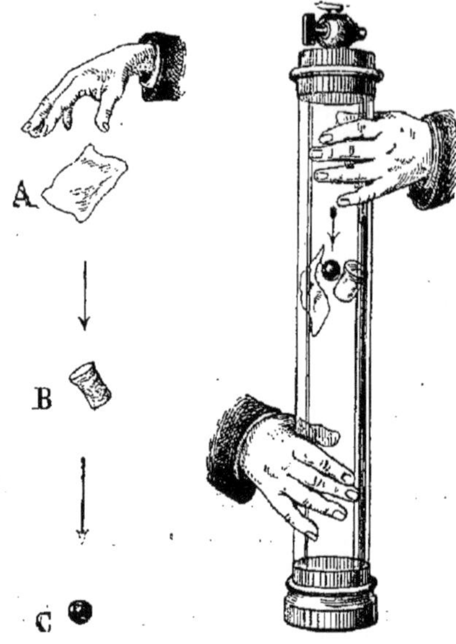

Fig. 2. — Chute des corps.

Chute de différents corps dans l'air.

Chute des mêmes corps dans le vide.

grand tube en verre : un morceau de fer, un bouchon de liège, une boulette de papier ou une plume d'oiseau ; puis au moyen d'une pompe spéciale, appelée *machine pneumatique*, on enlève l'air contenu dans le tube. Si l'on retourne alors le tube brusquement, tous ces corps, malgré leur différence de poids, arrivent ensemble au fond du tube (fig. 2).

4. Fil à plomb. — Un corps qui tombe librement suit toujours une ligne droite qu'on appelle **verticale**. Cette direction est celle d'un fil auquel on attache un morceau de plomb ou une pierre.

Fig. 3. — Effets de la pesanteur.

A. Chute d'un corps. — B. Horizontale d'un liquide. — C, D. Fils à plomb, donnant la direction verticale. — E. Niveau du maçon, donnant la direction horizontale.

Le **fil à plomb** du maçon lui permet de s'assurer que
son mur ne penche ni d'un côté ni de l'autre.

La surface de l'eau est *horizontale*, sa direction est
perpendiculaire à la verticale (fig. 3).

5. Levier. — Pour soulever un corps pesant, un
bloc de pierre, par exemple, on engage sous ce bloc
l'extrémité d'une barre de fer ; on cale cette barre avec
une pierre, et on appuie fortement sur l'autre extrémité.

La barre employée est un **levier** ; le bloc à soulever
forme la **résistance**, la cale est le **point d'appui**, l'effort
exercé sur le levier est la **puissance**.

Suivant la position de la puissance, de la résistance
et du point d'appui, on distingue trois genres de
leviers (fig. 4) :

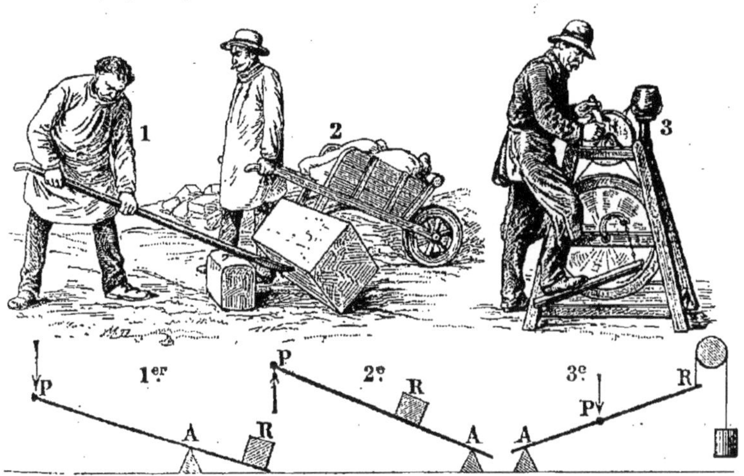

Fig. 4. — Les trois genres de leviers.
A. Point d'appui. — P. Puissance. — R. Résistance.

1° Dans le **levier du premier genre**, le point d'appui
est situé entre la puissance et la résistance. Exemples :
le levier du maçon, les ciseaux à découper, les tenailles,
les balances.

2° Dans le **levier du deuxième genre**, la résistance

est située entre le point d'appui et la puissance. Exemples :
le casse-noisette, la brouette.

3° Dans le **levier du troisième genre**, la puissance
est située entre le point d'appui et la résistance. Exemples :
les pinces à feu, la pédale du rémouleur.

6. Balances. — Les **balances** sont des appareils
qui permettent d'évaluer le poids des corps (fig. 5).

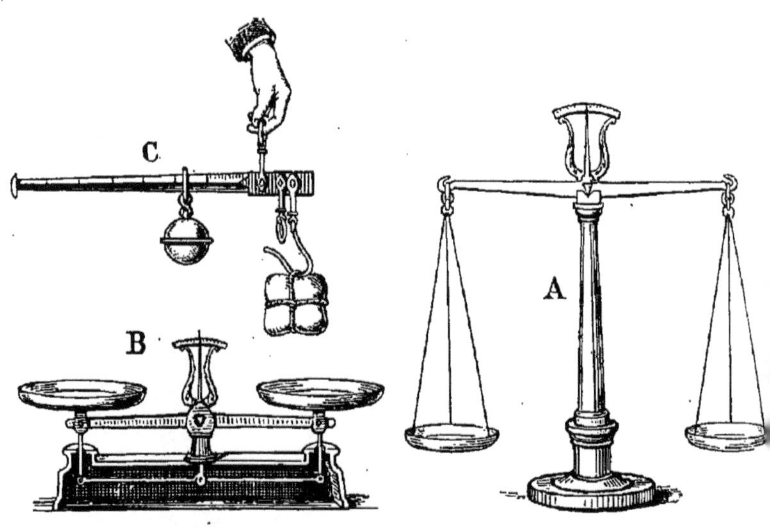

Fig. 5.
A. Balance ordinaire. — B. Balance Roberval. — C. Balance romaine.

La **balance ordinaire** est un levier du premier genre
à bras égaux. Aux extrémités de ce levier, nommé *fléau*,
sont suspendus deux *plateaux* destinés à recevoir, l'un
le corps à peser, l'autre les poids qui doivent lui faire
équilibre.

Dans la **balance de Roberval**, le levier est placé au-
dessous des plateaux, ce qui rend son emploi plus com-
mode.

La **balance romaine** est un levier du premier genre à
bras inégaux. Les corps à peser sont suspendus à un
crochet placé à l'extrémité du bras le plus court,

l'autre bras, gradué, porte un poids mobile nommé *curseur*, qu'on fait glisser jusqu'à ce que l'équilibre soit établi. Les chiffres gravés indiquent le poids du corps. Cet instrument est fort ancien.

Pesanteur des liquides.

7. Vases communicants. — Lorsqu'on verse de l'eau, ou un liquide quelconque, dans un vase *communiquant* avec plusieurs autres, on voit le liquide monter dans chacun des vases et se maintenir partout à la même hauteur, quelle que soit leur forme.

La surface du liquide, dans tous ces **vases communicants**, est horizontale. C'est sur ce principe qu'est basé le niveau d'eau des arpenteurs, le fonctionnement des jets d'eau et des puits artésiens (fig. 6).

Fig. 6.

A. **Principe des vases communicants.** — B, C. Niveau d'eau des arpenteurs. D. Borne-fontaine. — E. Jet d'eau.

8. Jets d'eau. — L'eau qu'on voit jaillir dans les jets d'eau vient toujours d'un réservoir plus élevé, muni d'un tuyau de communication s'ouvrant par un robinet à sa partie inférieure. Le jet ne monte pas tout à fait au niveau du bassin à cause de la résistance de l'air et des gouttelettes liquides qui, en retombant sur le jet, ralentissent son mouvement d'ascension.

9. Puits artésiens. — Les puits artésiens (fig. 7) sont alimentés par des sources ou des lacs élevés. Les

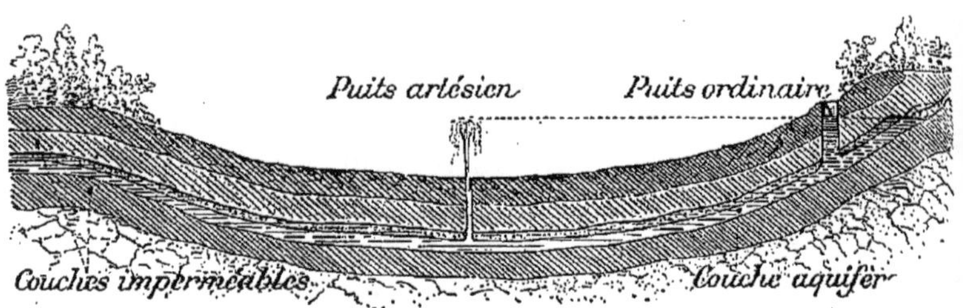

Fig. 7. — **Nappe d'eau souterraine, puits artésien, puits ordinaire.**

eaux passent entre des couches de terrains imperméables qui remplacent les tuyaux des jets d'eau. Lorsque, par le forage, on atteint la *couche aquifère*, les eaux jaillissent au-dessus de la surface du sol.

10. Principe d'Archimède. — Un corps plongé

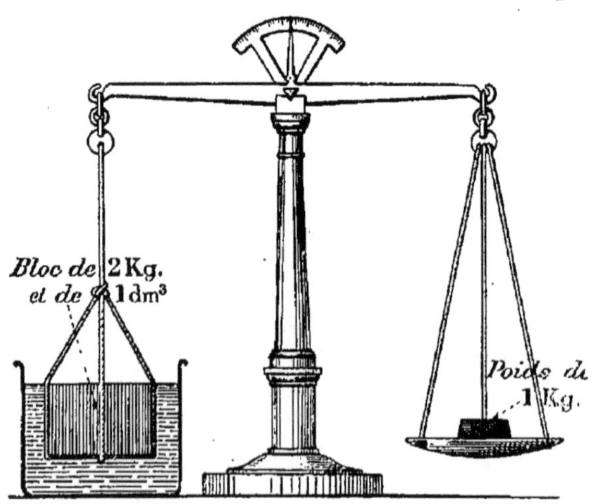

Fig. 8. — **Application du principe d'Archimède.**
Une brique vernie de 1 décimètre cube, et pesant 2 kilos, est plongée dans l'eau : elle ne pèse plus que 1 kilo.

dans l'eau est soulevé plus facilement que s'il était dans l'air, en vertu de ce principe, découvert par Archimède :

Tout corps, plongé dans un liquide, perd une partie de son poids égale au poids du volume du liquide déplacé (fig. 8).

C'est grâce à ce principe qu'on peut faire flotter des bateaux construits en fer, parce qu'ils sont creux et déplacent un volume d'eau d'un poids supérieur au leur.

Un corps plongé dans l'eau ira au fond du vase, ou restera au milieu du liquide, ou flottera, suivant que son poids sera supérieur, égal ou inférieur au poids du même volume de liquide.

Fig. 9. — Applications du principe d'Archimède.
Vaisseau de guerre et sous-marin.

Un bouchon de liège flotte sur l'eau ; si l'on enfonce quelques clous dans ce bouchon pour augmenter son poids, il flottera entre deux eaux comme un bateau sous-marin, mais si le nombre de clous est trop considérable, il tombera au fond du vase (A, B, C, fig. 9).

Quelques poissons possèdent dans l'abdomen un organe

rempli d'air, nommé *vessie natatoire*, qui leur permet de monter ou de descendre à volonté. Lorsqu'ils dilatent cet organe, leur corps augmente de volume sans augmenter de poids, ils montent; une contraction de la vessie produit un effet contraire.

Suivant la *densité du liquide*, un même corps peut flotter, être immergé ou tomber au fond (fig. 10).

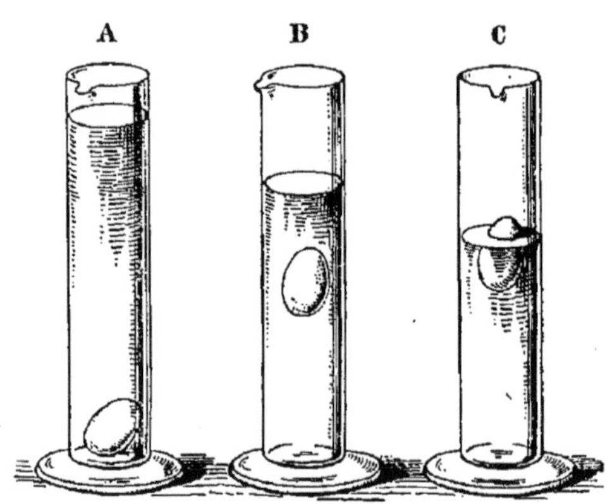

Fig. 10.
Corps immergés et corps flottants.
A. Un œuf dans l'eau pure. — B. Dans l'eau moyennement salée. — C. Dans l'eau saturée de sel.

11. Sous-marins. — On donne le nom de **sous-marins** à de petits navires de guerre qui peuvent, à volonté, flotter à la surface, ou rester sous l'eau pendant plusieurs heures, grâce à des réservoirs d'air et d'eau qu'ils renferment. Ils sont éclairés et mis en mouvement par l'électricité.

Les *bateaux submersibles* (fig. 9) flottent sur la mer en temps ordinaire, mais peuvent plonger à volonté comme les sous-marins, suivant que l'on introduit de l'eau dans leurs réservoirs, ou qu'on la chasse.

12. Pression des liquides. — Les liquides, très mobiles, sont soumis à l'action de la pesanteur ; ils exercent une pression sur le fond des vases et sur les parois latérales, qu'ils font quelquefois éclater, lorsque la hauteur du liquide est considérable.

Un liquide transmet, parfaitement et en tous sens, les pressions qu'on exerce sur lui (*principe de Pascal*).

RÉSUMÉ

Les corps se présentent sous trois états : solide, liquide, gazeux.

La pesanteur est la force qui attire tous les corps vers la terre.

Le fil à plomb donne toujours la direction verticale.

Les leviers servent à soulever les corps ; il y en a trois genres, suivant les positions du point d'appui, de la puissance et de la résistance.

Les balances mesurent le poids des corps. On distingue la balance à plateaux, la balance Roberval et la balance romaine.

Les liquides se maintiennent à la même hauteur dans les vases communicants. Applications : jets d'eau, puits artésiens, niveau d'eau.

Principe d'Archimède : Tout corps plongé dans un liquide perd une partie de son poids égale au poids du volume de liquide déplacé. Applications : navires flottants, sous-marins, submersibles.

Les liquides exercent leurs pressions en tous sens, sur les parois des vases qui les contiennent.

CHAPITRE II

PESANTEUR DE L'AIR

13. Pression atmosphérique. — L'atmosphère est la couche d'air qui enveloppe la Terre ; sa hauteur dépasse cent kilomètres. L'air, étant pesant, exerce sur les corps qu'il enveloppe une pression qu'on appelle **pression atmosphérique.** Cette pression diminue à mesure qu'on s'élève, sur les montagnes ou en ballon.

On prouve l'existence de cette pression par plusieurs expériences :

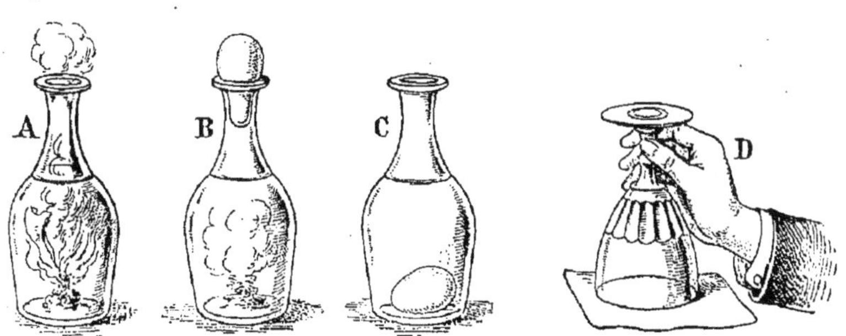

Fig. 11. — Effets de la pression atmosphérique.

1° Si l'on chasse l'air d'une carafe, en faisant brûler du papier à l'intérieur, et qu'on bouche ensuite l'ouverture avec un œuf cuit, dur et dépouillé de sa coquille, on voit bientôt l'œuf s'allonger et tomber au fond de la carafe (fig. 11).

2° On remplit d'eau un verre ordinaire, dont on bouche l'ouverture avec une feuille de papier. Si on retourne le verre sens dessus dessous, l'eau et la feuille de papier restent en place ; c'est la pression atmosphérique qui agit dans ces deux expériences.

14. Mesure de la pression atmosphérique. — Le physicien italien Torricelli (1643) prit un tube de verre d'environ 1 mètre de longueur, fermé à l'une de ses extrémités. Il le remplit de mercure, et, bouchant avec le doigt l'extrémité ouverte, il le renversa dans une cuvette contenant aussi du mercure. La colonne liquide descendit dans le tube, et son niveau supérieur s'arrêta à environ 76 centimètres au-dessus du niveau du mercure dans la cuvette. La colonne maintenue en suspension dans le tube par la pression atmosphérique représente la valeur de cette pression (fig. 12).

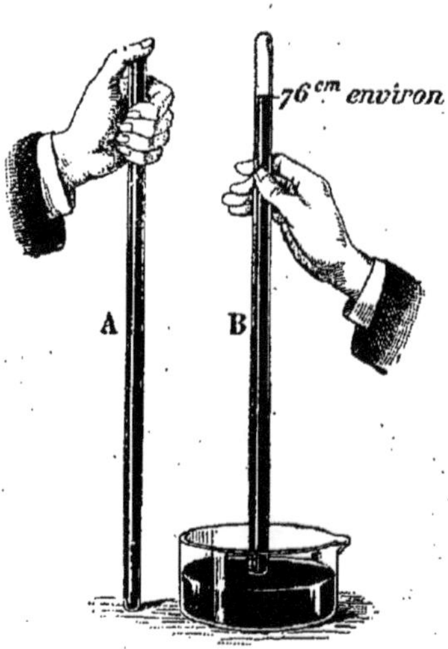

Fig. 12. — **Expérience de Torricelli** : la pression de l'air, qui s'exerce sur la surface libre du mercure dans la cuvette, maintient dans un tube une colonne de mercure de 76ᶜᵐ environ.

Si au lieu de mercure on se servait d'eau, il faudrait une colonne beaucoup plus haute, parce que l'eau pèse 13,60 fois moins que le mercure.

Le savant français, Pascal, renouvela cette expérience, à Rouen (1648), avec un tube en fer-blanc de 11 mètres de long qu'il remplit d'eau. Il le renversa sur un bassin plein d'eau, et constata que la colonne liquide se maintenait à une hauteur de 10 m. 33 au-dessus du niveau

du bassin. Le nombre 10 m. 33 égale
0,76 × 13,60 (densité du mercure). L'expérience de Pascal confirmait ainsi celle de
Torricelli.

La pression atmosphérique est évaluée à
10330 kilogrammes par mètre carré ; la surface de notre corps étant à peu près d'un mètre
carré et demi, nous supportons une pression
moyenne de 15000 kilogrammes. Si cette pression énorme ne nous incommode pas, c'est
qu'elle s'exerce également en tous sens, intérieurement et extérieurement.

15. Baromètres.

— Pour mesurer la
pression que l'atmosphère exerce sur la
terre, et qui varie fréquemment, on se sert
de **baromètres.**

Le plus simple, le **baromètre à cuvette**
(fig. 13), est un tube de Torricelli, auquel
on adapte une règle divisée en millimètres.
Le zéro correspond au niveau du mercure
dans la cuvette.

On construit aussi des baromètres sans
mercure, moins lourds et moins encombrants, basés
sur l'élasticité
des métaux .
ce sont les *ba*
romètres mé
talliques.

Le baromètre métallique (fig. 14)
consiste en
une boîte en
métal à faces
ondulées et
vide d'air. Les
faces de cette

Fig. 13.
Baromètre
à cuvette.

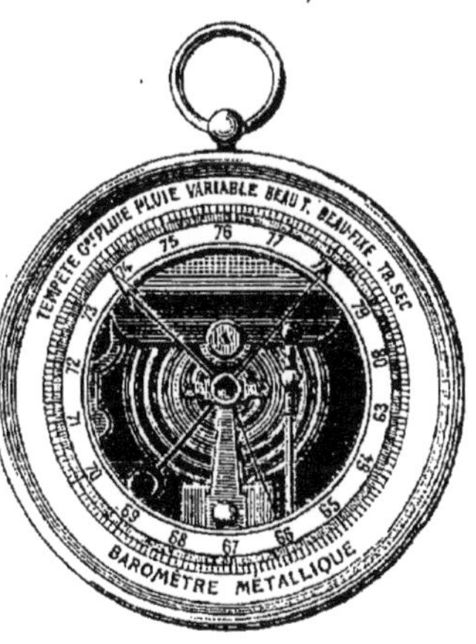

Fig. 14.
Baromètre métallique.

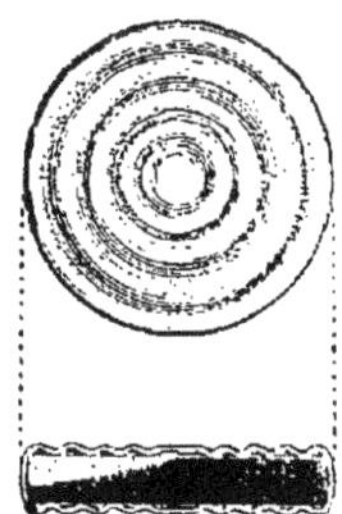

Fig. 15. — Boîte
vide, à faces
cannelées, du
baromètre métallique.

boîte se rapprochent ou s'éloignent, suivant que la pression atmosphérique augmente ou diminue. Ces variations, amplifiées par un mécanisme spécial, font mouvoir une aiguille sur un cadran.

Les baromètres servent à la *prévision du temps* et à la *mesure des hauteurs*.

16. Prévision du temps. — La *hauteur du mercure* dans le baromètre *est variable*. Ces variations sont produites par des changements de température, la pluie, le vent, etc.

Très sec	782
Beau fixe	773
Beau	764
Variable	755
Pluie ou vent	746
Grande pluie	737
Tempête	728

Fig. 16.
Graduation du baromètre.
Prévision du temps.

On a remarqué qu'une élévation de la colonne correspondait à un beau temps ; qu'un abaissement lent annonçait la pluie ; qu'un abaissement brusque était signe de grand vent.

Des indications, placées en regard des hauteurs différentes de la colonne, marquent les principaux changements de temps (fig. 16).

17. Mesure des hauteurs. — A mesure qu'on s'élève dans l'atmosphère, la couche d'air devient moins épaisse, par conséquent moins lourde, et la colonne de mercure s'abaisse d'environ 1 millimètre par 10 m. 50 d'élévation.

Pour trouver la hauteur d'une montagne, il suffit donc de multiplier par 10 m. 50 la différence en millimètres des hauteurs barométriques observées à son pied et à son sommet. C'est ainsi que Pascal, en 1648, détermina la hauteur du puy de Dôme (1465 mètres).

18. Ballons. — Le principe d'Archimède s'applique aussi bien aux gaz qu'aux liquides. Si un corps est plus lourd que l'air qu'il déplace, il tombe ; s'il pèse moins que l'air déplacé, il s'élève : c'est la théorie de l'ascension des **ballons**.

On distingue les *ballons sphériques* et les *ballons dirigeables*; ces derniers ont une forme allongée.

Les ballons sont formés d'une enveloppe mince et légère de tissus imperméables. On les remplit d'air chaud, d'hydrogène ou de gaz d'éclairage.

Les voyageurs, placés dans la nacelle, jettent de temps en

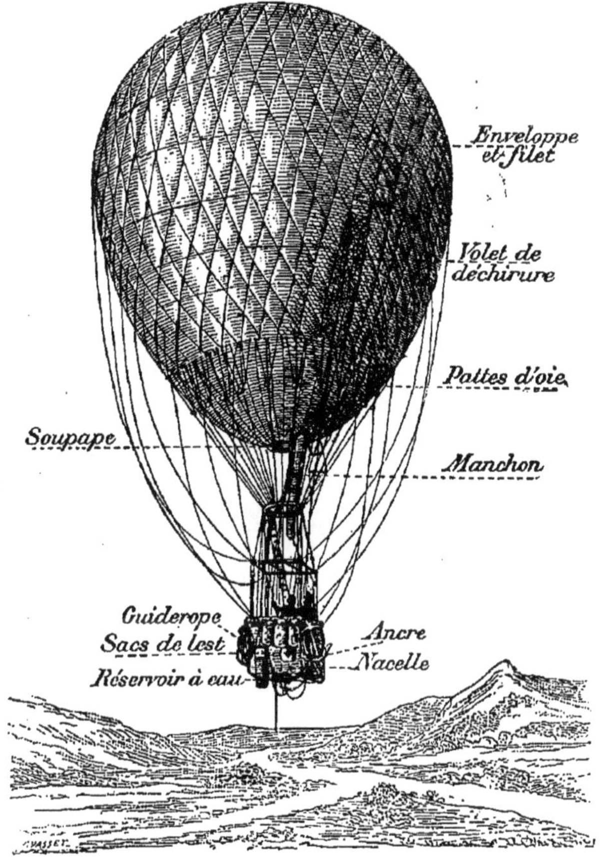

Fig. 17. — **Ballon sphérique** avec ses agrès.

temps du sable qu'ils ont emporté (*lest*), pour alléger le ballon à mesure qu'ils s'élèvent. Quand ils veulent descendre, ils ouvrent, au moyen d'un câble, une soupape placée au sommet du ballon : le gaz s'échappe lentement, et le ballon redescend.

Au moyen du baromètre, ils savent à quelle hauteur ils se sont élevés.

Les premiers ballons furent construits à Annonay, en 1783, par les frères Montgolfier ; ils étaient en papier et gonflés à l'air chaud : on les appela *montgolfières*.

Les **ballons sphériques**, libres ou captifs, gonflés à l'air chaud ou à l'hydrogène, ont été utilisés pendant les guerres de la Révolution pour faire des observations militaires, spécialement à la bataille de Fleurus (1794).

En 1870, soixante-six ballons partis de Paris transportèrent cent soixante-quatre personnes et trois millions de lettres ; mais ces voyages furent souvent contrariés par les vents.

19. Ballons dirigeables. — Les premiers essais de ballons dirigeables furent tentés en 1852, par l'ingé-

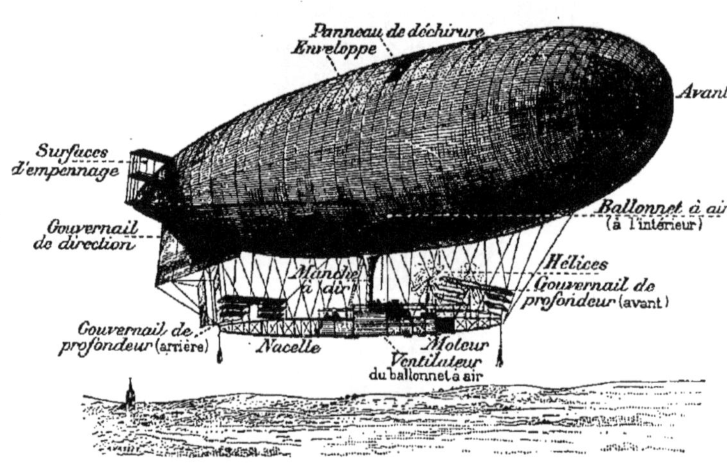

Fig. 18. — Ballon dirigeable.

nieur Henry Giffard. En 1884, les capitaines Krebs et Renard réalisèrent un type de dirigeable, qui a servi de modèle à tous ceux construits depuis, et ils effectuèrent le premier voyage aérien en circuit fermé, c'est-à-dire en revenant au point de départ.

Les dirigeables ont une forme analogue à celle d'un poisson. Une ou plusieurs hélices, actionnées par des moteurs à essence de pétrole, servent d'organe propulseur.

Un *gouvernail de direction* permet de faire évoluer le ballon à droite ou à gauche; un *gouvernail de profondeur* le fait légèrement monter ou descendre.

Les ballons dirigeables sont appelés à rendre de grands services dans l'art militaire, surtout en temps de guerre.

20. Aéroplanes. — Les **aéroplanes** utilisent la résistance de l'air pour s'élever au-dessus du sol et naviguer dans l'espace. Un aéroplane (fig. 19) se compose

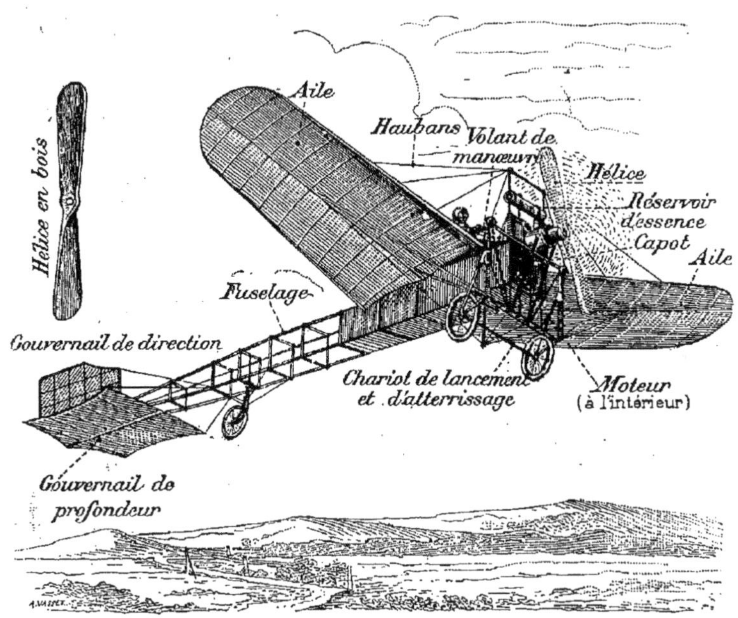

Fig. 19. — **Aéroplane** monoplan.

d'une surface de soutien, formée d'ailes allongées; d'une nacelle pour l'aviateur; d'une grande *hélice* en bois, actionnée par un moteur à pétrole; de deux gouvernails de conduite : l'un de *profondeur* pour monter ou descendre, l'autre de *direction* pour tourner à droite ou à gauche. Un châssis, à roues de bicyclette ou à patins, sert pour le lancement de l'appareil et pour son atterrissage.

Dans les **hydro-aéroplanes**, le châssis est muni de flotteurs qui permettent à l'appareil de glisser sur l'eau, et de la prendre comme surface d'appui pour s'y reposer.

Les premiers essais de vol plané furent expérimentés, en 1856, par Louis Mouillard, de Lyon. En 1890, l'Allemand Lilienthal amplifia ces expériences. En 1903, les frères Wright construisirent le premier aéroplane à moteur et effectuèrent des vols de plusieurs kilomètres. En 1909, le Français Blériot traversa la Manche, en trente-trois minutes, sur un *monoplan*. En 1913 (23 sept.), l'aviateur Garros traversait la Méditerranée, de Saint-Raphaël (Var) à Bizerte (Tunisie), en 7 h. 53 m. et sans escale.

Actuellement les aviateurs atteignent des hauteurs supérieures à 6000 mètres, des vitesses de plus de 240 kilomètres à l'heure ; ils peuvent séjourner dix heures dans l'air sans atterrir.

21. Pompes. — Les **pompes** sont des appareils destinés à élever les liquides, sous l'influence de la pression atmosphérique.

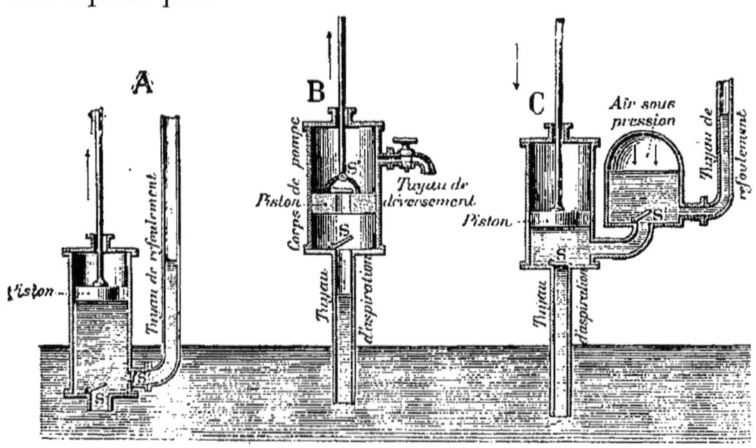

Fig. 20. — Pompes.
A. Pompe foulante. — B. Pompe aspirante. — C. Pompe aspirante et foulante.

Elles peuvent être : *aspirantes, foulantes*, ou à la fois *aspirantes* et *foulantes* (fig. 20).

La **pompe aspirante** se compose d'un cylindre ou *corps de pompe* dans lequel se meut un piston, et d'un *tuyau d'aspiration* qui plonge dans l'eau. Deux *soupapes* sont placées, l'une dans le *piston*, l'autre à la jonction du corps de pompe et du tuyau d'aspiration. Lorsqu'on élève le piston, il se produit un vide au-dessous, l'eau monte dans le tuyau, soulève la soupape et remplit l'espace vide. Lorsque le piston redescend, la soupape inférieure se referme ; l'eau comprimée ouvre la soupape du piston et passe au-dessus.

La **pompe foulante** est formée d'un cylindre qui plonge en partie dans l'eau, d'un piston plein et d'un tuyau de refoulement. Deux soupapes sont placées l'une à la base du cylindre, l'autre à la partie inférieure du tuyau de refoulement.

La pompe **aspirante et foulante** est une pompe foulante à laquelle on a adapté un tuyau d'aspiration.

Lorsqu'on soulève le piston, l'eau remplit le corps de pompe ; lorsqu'on l'abaisse, elle est poussée dans le tuyau de refoulement.

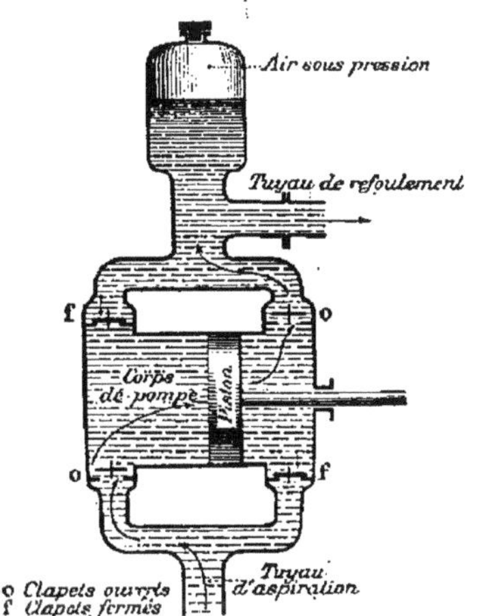

Fig. 21. — **Pompe aspirante à double effet** et **foulante à jet continu.** (*Pompe d'incendie.*)

Dans les pompes à grand débit, le piston des pompes foulantes actionne un double jeu de clapets (fig. 21).

Un *réservoir d'air comprimé* exerce une pression constante sur le volume de l'eau qui s'écoule, régularise le jet et lui donne une grande force, principalement dans les *pompes à incendie*.

22. Autres effets de la pression atmosphérique.
— La pression atmosphérique explique pourquoi un liquide
ne peut pas s'écouler d'un tonneau bien bouché, dans le fond
duquel on n'a percé qu'un petit trou.

C'est la pression atmosphérique qui fait
monter l'eau dans une seringue dont on
tire la tige ; dans un tuyau de paille avec
lequel on aspire l'eau que l'on veut boire.

La pipette ou le *tâte-vin* (fig. 22) est
un tube ouvert aux deux extrémités ; il
se remplit du liquide dans lequel on le
plonge, et si on bouche avec le doigt l'ouverture supérieure, on peut retirer l'appareil sans laisser tomber le liquide, grâce
à la pression atmosphérique qui s'exerce à
l'ouverture inférieure.

23. Siphon: — Le **siphon** est
un appareil destiné à transvaser les
liquides. Il consiste en un tube recourbé,
à branches d'inégales longueurs. Pour
se servir de cet instrument, il faut
l'amorcer. Dans ce but, la petite branche se place dans
le liquide à transvaser, et on aspire avec la bouche l'air

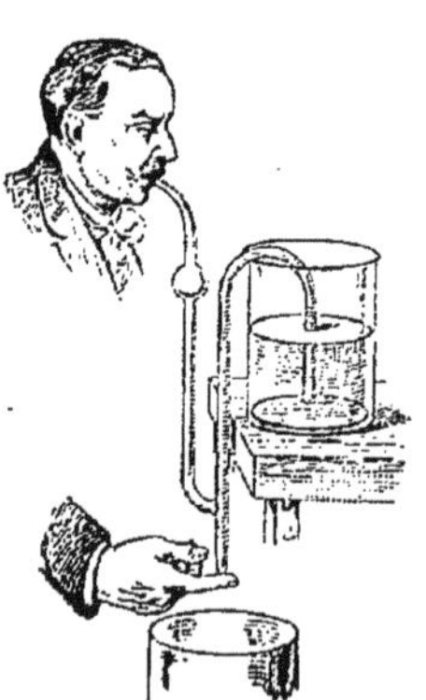

Fig. 22. — **Pipette.**

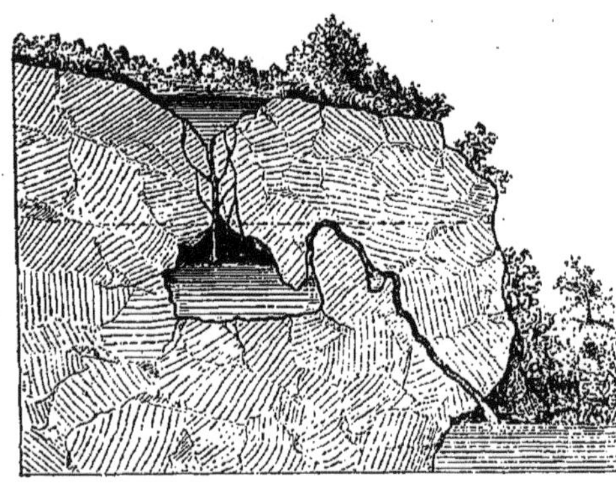

Fig. 23. — **Amorçage**
d'un siphon.

Fig. 24. — Coupe théorique d'une
source intermittente.

contenu dans la grande branche, qui se remplit de liquide,
et l'écoulement se produit.

Pour transvaser les liquides dangereux, on ajoute un tube latéral à la grande branche du siphon (fig. 23).

Une **fontaine intermittente** (fig. 24) est un siphon naturel, **qui** s'amorce de lui-même lorsque le niveau du bassin atteint la courbure supérieure du canal d'écoulement.

24. Utilisation des chutes d'eau. — Dans les pays de montagnes on utilise des chutes d'eau, naturelles ou artificielles, pour faire mouvoir des **turbines**.

Ces turbines actionnent de puissantes dynamos, qui produisent l'électricité nécessaire à l'éclairage des villes, au fonctionnement des tramways, etc.

Les chutes d'eau ainsi utilisées constituent une réserve considérable d'énergie qu'on a nommée la **houille blanche**, par analogie au travail que produit la houille des mines lorsqu'on la brûle pour faire mouvoir les machines (fig. 25).

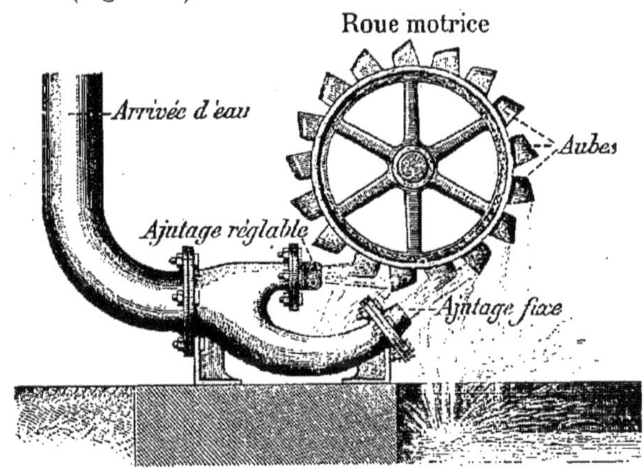

Fig. 25. — **Roue turbine** mue par un injecteur double. Dispositif employé pour les hautes chutes.

C'est en 1868, que Aristide Bergès aménagea la première chute d'eau de 200 mètres de hauteur, destinée à actionner une usine à pâte de bois dans l'Isère. En 1881, il construisait une chute de 500 mètres. On utilise aujourd'hui des chutes supérieures à 1 000 mètres ; mais les conduites d'eau, surtout dans leur partie inférieure, doivent être très résistantes.

RÉSUMÉ

La pression atmosphérique est la pression que l'air exerce sur la terre.

On mesure cette pression à l'aide du baromètre. Cet instrument sert aussi à mesurer la hauteur des montagnes.

Les ballons sont une application du principe d'Archimède. On distingue les ballons sphériques, qui suivent la direction du vent, et les ballons dirigeables, mus par des hélices.

Les pompes sont des appareils pour élever les liquides. Il y a des pompes : aspirantes, foulantes, aspirantes et foulantes.

La pipette, le siphon, sont des applications de la pression atmosphérique.

On utilise les chutes d'eau pour faire mouvoir des turbines destinées à produire l'électricité.

CHAPITRE III

CHALEUR

25. Définition. — La chaleur est la cause qui produit en nous la sensation du *chaud* et du *froid*.

Elle a deux effets remarquables sur les corps : elle les *dilate* et *change leur état.*

La chaleur augmente le volume des corps, tandis que le froid les contracte.

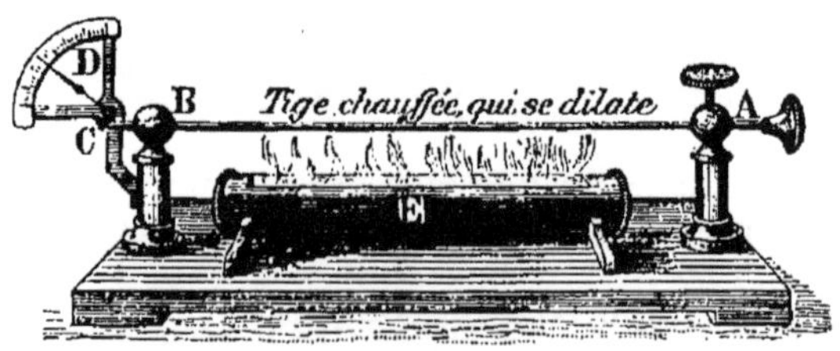

Fig. 26.

Dilatation en longueur. — Pyromètre à cadran.

Fixée en A, la tige AB se dilate sous l'influence de la chaleur; et son extrémité libre C butte contre un levier, qui fait décrire à l'aiguille D un arc de cercle.

Quand les corps sont solides, la chaleur les fond et les réduit en vapeurs.

26. Dilatation des solides.

— Lorsqu'on chauffe une barre de fer, elle s'allonge : c'est la **dilatation en longueur**. On constate cette dilatation avec le **pyromètre à cadran** (fig. 26).

L'augmentation en volume se démontre au moyen d'une boule de cuivre qui passe facilement à travers un anneau métallique, à la température ordinaire, et qui ne peut plus passer dès qu'elle est chauffée (fig. 27).

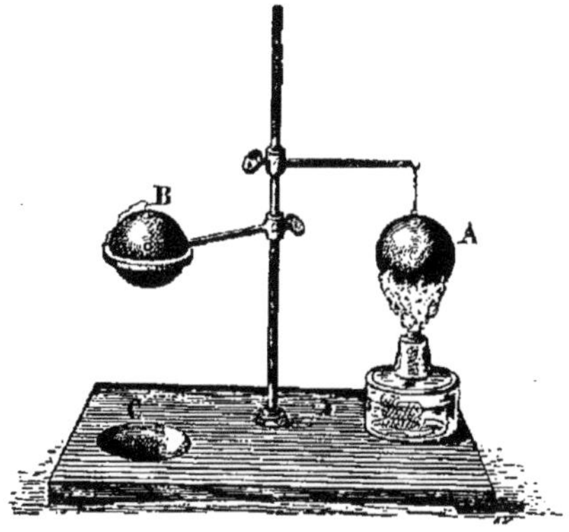

Fig. 27. — **Dilatation en volume.**

Une boule A qui, froide, passe à travers un anneau, étant chauffée et mise en B est retenue par l'anneau. Lorsqu'elle est refroidie, elle traverse l'anneau et tombe en C.

On utilise cette propriété de *dilatation* dans le cerclage des roues de voiture. Le diamètre du cercle est un peu plus petit

Fig. 28. — Le cercle de fer, *chauffé*, se refroidit en resserrant les jantes de la roue.

que celui de la roue, mais la chaleur le dilate, et il se place facilement autour : en se refroidissant, il se contracte et resserre fortement toutes les parties de la roue (fig. 28).

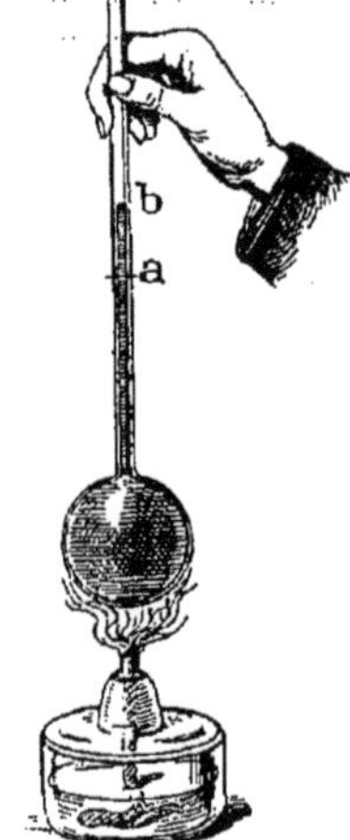

Fig. 29. — Dilatation du goulot d'un flacon par la chaleur.

Les feuilles de tôle ou de zinc qui recouvrent les toitures ne doivent être clouées que d'un côté, à cause des dilatations et des contractions qui les déformeraient.

Pour la même raison, on laisse toujours un petit intervalle entre les extrémités des rails de chemin de fer et des ponts métalliques.

Il arrive souvent que les flacons bouchés à l'émeri sont difficiles à déboucher ; il suffit de chauffer le goulot en tournant le flacon, et le bouchon s'enlève facilement (fig. 29).

27. Dilatation des liquides. — Pour constater la **dilatation des liquides**, on remplit un ballon de verre d'un liquide quelconque, et on le ferme avec un bouchon percé d'un tube. Si on chauffe le ballon, le liquide monte dans le tube (fig. 30).

Fig. 30.

Dilatation des liquides.

Le niveau de l'eau monte de *a* en *b*, sous l'action de la chaleur.

28. Dilatation des gaz. — La dilatation des gaz est très apparente. Pour la constater, on se sert d'un ballon surmonté d'un tube horizontal ; on introduit dans ce tube une goutte d'eau colorée, puis on prend le ballon entre les mains. L'index liquide est aussitôt refoulé par l'air du ballon, que la chaleur de la

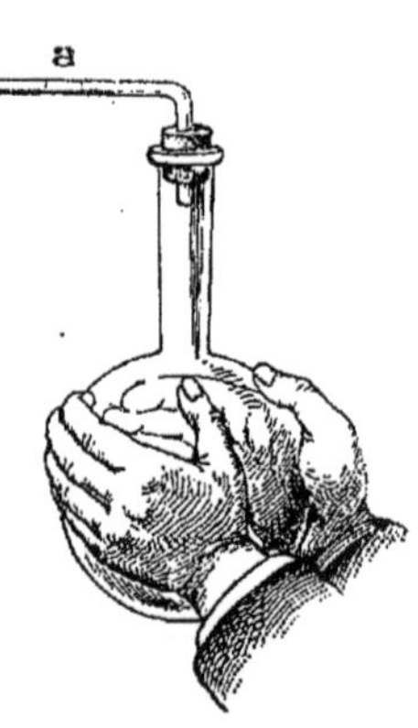

Fig. 31.
Dilatation des gaz.

La goutte d'eau passe de *a* en *b*.

main a dilaté. Si les mains s'éloignent du ballon, la goutte d'eau revient à sa position primitive (fig. 31).

Dans un appartement, l'air chaud monte vers le plafond. Si l'on ouvre la porte, cet air chaud est poussé au dehors, tandis qu'un courant d'air froid entre par le bas pour le remplacer.

On constate ce double courant d'air en plaçant successivement une bougie allumée en haut et en bas de la porte (fig. 32).

En haut, la flamme est entraînée au dehors par l'air

Fig. 32. — Dans un appartement, l'air chaud sort par le haut de la porte, et l'air frais rentre par en bas.

chaud ; en bas, elle prend une direction contraire.

29. Thermomètres.

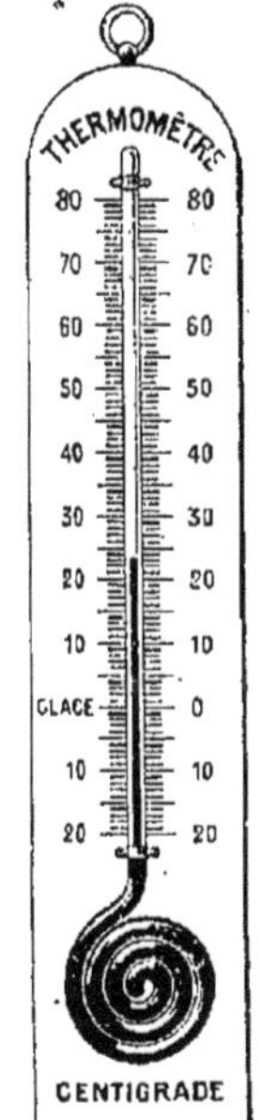

Fig. 33.
Thermomètre
à mercure.

29. Thermomètres. — Les thermomètres sont des instruments qui indiquent la température des milieux où on les place. Ils sont basés sur les phénomènes de la dilatation et de la contraction (fig. 33).

Pour construire ces instruments, on a choisi des liquides, le *mercure* ou l'*alcool*, parce qu'ils ne sont ni trop, ni trop peu dilatables.

Pour faire un **thermomètre à mercure** on prend un tube en verre, percé d'un canal très fin et terminé par un renflement ou réservoir. On remplit en partie le tube de mercure, on le ferme à la lampe, puis on le plonge dans un vase rempli de glace fondante ; le liquide s'abaisse, et son niveau devient le *zéro* du thermomètre. Si on le met ensuite dans la vapeur d'eau bouillante, la colonne de mercure monte jusqu'à un point qui reste stationnaire, qu'on marque 100. L'espace entre ces deux points est divisé en 100 parties égales appelées *degrés;* ces divisions peuvent être continuées

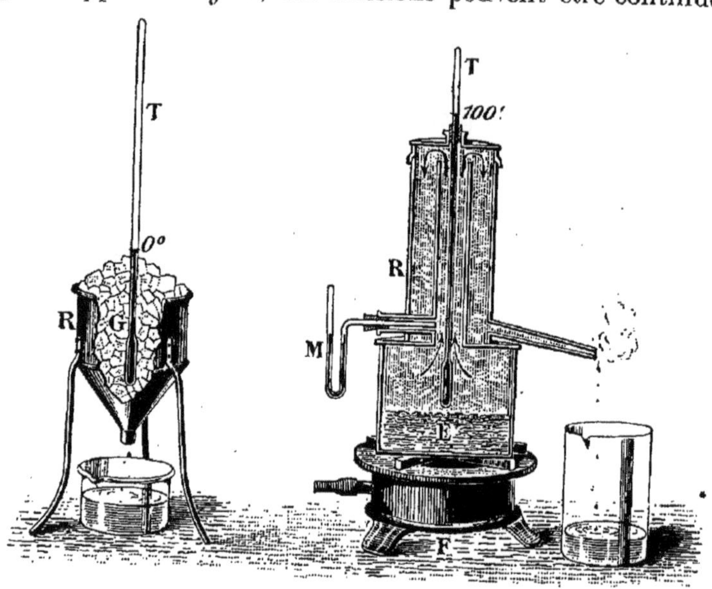

Fig. 34. — Construction d'un thermomètre à mercure.

Détermination du point 0° du thermomètre centigrade. — L'instrument est placé dans de la glace pilée.

Détermination du point 100°. — Le thermomètre est plongé dans la vapeur d'eau bouillante, et au-dessus du liquide.

au-dessous de 0, et au-dessus de 100 : on construit ainsi le *thermomètre centigrade.*

Dans le *thermomètre de Réaumur,* le même espace (0 — 100) est divisé en 80 degrés.

Les thermomètres à alcool ne peuvent pas marquer la température au-dessus de 70°, température voisine du point d'ébullition de ce liquide. On les gradue en les comparant au thermomètre à mercure.

30. Changement d'état des corps. — Sous l'influence de la chaleur et du froid, les corps éprouvent plusieurs modifications : la *fusion,* la *solidification,* la *vaporisation* et l'*évaporation,* l'*ébullition,* la *condensation.*

31. Fusion. — La **fusion** est le passage d'un corps de l'état solide à l'état liquide, sous l'influence d'une élévation de température. La glace fond au soleil ; la cire, le plomb, fondent au feu.

32. Solidification. — Si on laisse refroidir la cire ou le plomb en fusion, au bout de peu de temps, ces corps redeviennent solides : c'est le phénomène de la **solidification**.

Tout corps qui se refroidit diminue de volume.

L'eau fait exception à cette règle : au-dessous de 4°, elle augmente de volume ; c'est donc à cette température 4°, qu'elle pèse le plus sous le plus petit volume. On dit qu'elle est à son **maximum de densité**.

La force d'expansion de l'eau qui passe à l'état de glace est si considérable, qu'elle brise tout ce qui lui oppose de la résistance.

Une bouteille pleine d'eau (fig. 35), exposée à la gelée pendant la nuit, éclate. Il en est de même des conduites d'eau ; de certaines espèces de pierres tendres, dites *gélives*, dans lesquelles l'eau a pénétré et qui

Fig. 35. — La carafe est brisée par l'augmentation du volume de l'eau transformée en glace.

tombent en fragments au dégel. Pendant les hivers rigoureux, la sève congelée des arbres peut les faire éclater.

La glace, étant plus légère que l'eau, reste toujours à la surface des rivières et des lacs. La température de l'eau restée liquide au-dessous de la glace est de 4°, ce qui rend possible la vie des poissons et autres animaux aquatiques.

33. Vaporisation. — La **vaporisation** est la transformation rapide des liquides en vapeurs, par la chaleur.

Si on chauffe un liquide, de l'eau par exemple, il se forme au-dessus du vase un brouillard de vapeurs : l'eau bout et peut disparaître complètement, si le chauffage continue. Lorsqu'on chauffe l'eau dans un vase fermé, la force élastique de la vapeur peut faire éclater le vase.

Cette force puissante est utilisée pour actionner les *locomotives*, les *bateaux à vapeur* et des *machines* de toutes sortes.

Fig. 36. — Sous l'influence de la chaleur, la vapeur chasse le bouchon, en produisant une petite explosion.

34. Machines à vapeur.

— Dans les **machines à vapeur** ordinaires, la vapeur agit alternativement de chaque côté d'un piston, qui va et vient dans un cylindre creux. Au moyen d'une bielle et d'une manivelle, ce mouvement rectiligne alternatif se transforme

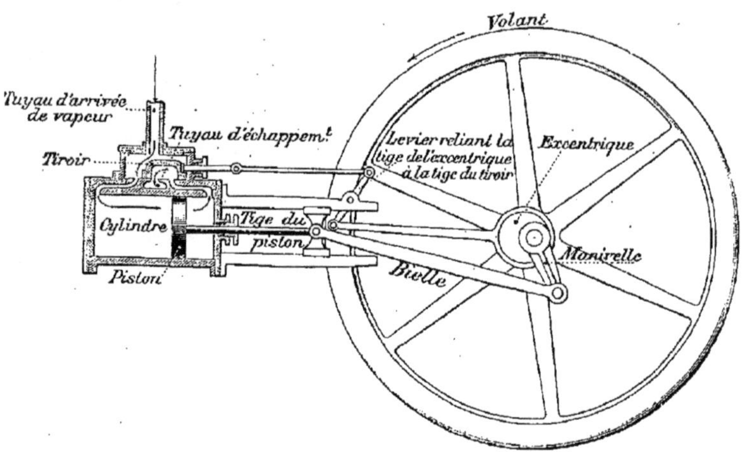

Fig. 37. — Principe de la **machine à vapeur** à **cylindre et piston**.

en mouvement circulaire continu, que l'on utilise ensuite à volonté (fig. 37).

Dans les machines appelées **turbines**, la vapeur sortant avec force vient buter contre des cavités creusées sur le pourtour d'une roue, et cette roue tourne avec une grande vitesse (fig. 38).

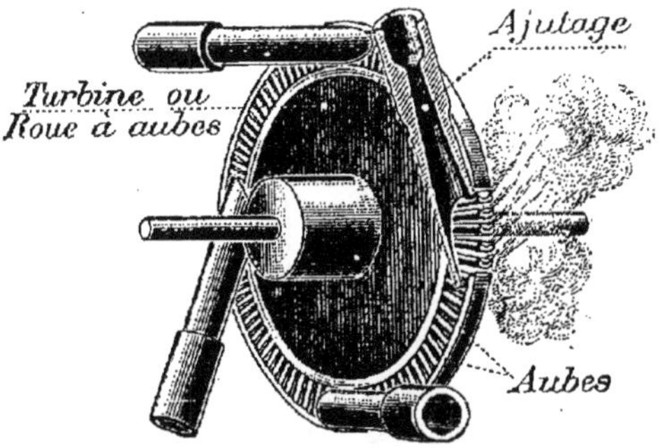

35. Machines à mélange explosif. — Les *automobiles*, les *aéroplanes* et un grand nombre de petits *moteurs* sont actionnés par la combustion d'un

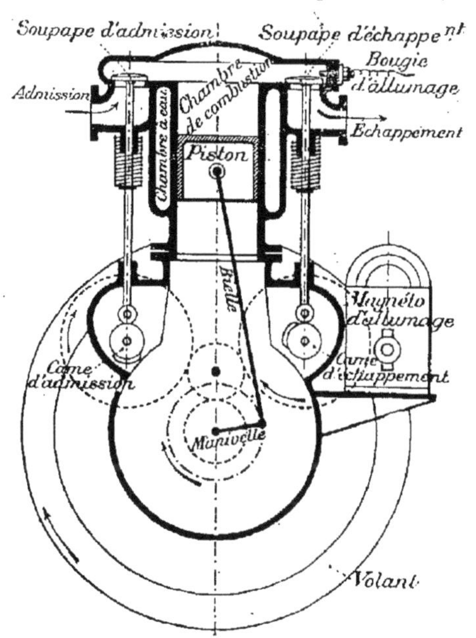

Fig. 38. — Principe de la **turbine à vapeur** (un des ajutages est vu en coupe).

mélange d'air et d'essence de pétrole, qui, en explosant dans un cylindre, poussent en avant le piston. Dans les moteurs à explosion, la bielle est directement articulée au piston (fig. 39).

On exprime la puissance d'un moteur par l'*unité* appelée **cheval-vapeur.** Cette unité correspond à la force nécessaire pour soulever à 1 mètre de hauteur, en 1 seconde, un poids de 75 kilogrammes.

Ainsi une machine de 500 chevaux serait capable de soulever à la hauteur de 1 mètre dans une seconde 37500 kilogr. Cette puissance est souvent

Fig. 39. — Principe d'une machine à mélange explosif (air avec essence de pétrole, ou avec gaz combustible).

indiquée par les lettres *HP*, abréviation du mot anglais *Horse-power* : 40 HP indique donc une machine de 40 chevaux.

36. Évaporation. — L'évaporation est une formation lente de vapeur à la surface d'un liquide. Une soucoupe pleine d'eau, exposée à l'air, se dessèche peu à peu : l'eau s'est évaporée.

Fig. 40. — **Alcarazas.**
Vases poreux pour rafraîchir l'eau par évaporation.

Pour qu'un liquide passe à l'état de vapeur, il faut qu'il absorbe la chaleur des corps voisins. Le froid produit par cette absorption est d'autant plus rapide que le liquide est plus volatil ; une goutte d'alcool ou d'éther mise sur la main disparaît en donnant une sensation de froid.

Fig. 41. — La vapeur d'eau redevient liquide au contact d'un corps froid.

On obtient une eau très fraîche, en été, en la mettant dans des vases poreux ; l'eau qui suinte à la surface s'évapore en absorbant la chaleur de l'eau intérieure (fig. 40).

Il est dangereux de s'exposer à un courant d'air lorsqu'on est en sueur, parce que l'évaporation rapide de la sueur refroidit le corps. Quand on doit séjourner dans un local froid, il faut donc changer le linge mouillé de sueur contre des vêtements secs.

37. Ébullition. Lorsqu'on chauffe un liquide pendant un certain temps, de grosses bulles de vapeur s'élèvent de sa masse, le traversent vivement et viennent crever à la surface : on dit qu'il entre en ébullition.

Dans les mêmes conditions de pression extérieure, un même liquide commence toujours à bouillir à la même température, et tant qu'il est en ébullition cette température se maintient.

38. Condensation. — La condensation est le passage d'un corps gazeux à l'état liquide, sous l'action du froid. La vapeur de l'eau bouillante se transforme en eau au contact d'une assiette froide (fig. 41).

Lorsqu'on fait passer de la vapeur d'eau dans des tuyaux plongés dans l'eau froide, cette vapeur sort des tuyaux à l'état liquide.

C'est ainsi que l'eau de mer, chauffée dans un alambic, se réduit en vapeurs ; le sel reste dans l'appareil, et les vapeurs, en se condensant, donnent de l'*eau distillée* ou eau pure. Le vin soumis à la distillation produit l'*alcool*.

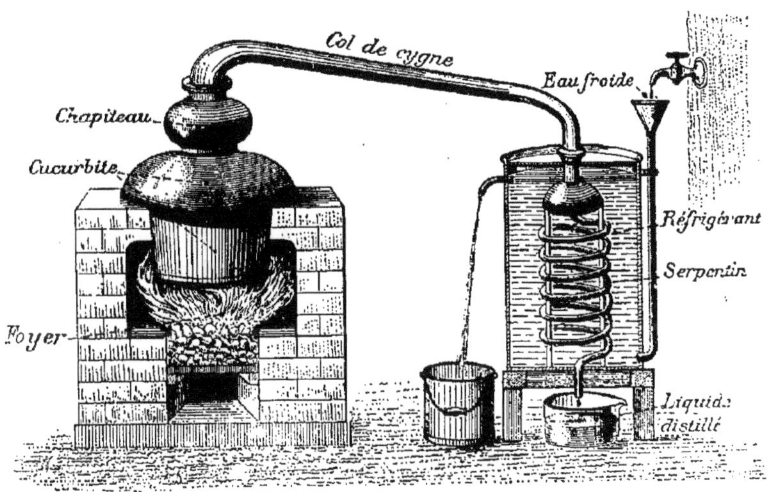

Fig. 42. — **Alambic** pour la distillation d'un liquide.

Si l'on fait chauffer du vin dans la *cucurbite,* les vapeurs qui se dégagent traversent le *col de cygne* et se condensent en circulant dans le *serpentin* entouré d'eau froide. Le liquide qui distille est de l'alcool.

A l'aide d'appareils spéciaux, sous l'influence du froid, de la compression et de la détente, on parvient à *liquéfier* les gaz et même l'air atmosphérique.

39. Conductibilité calorique. — La conductibilité calorique est la propriété que possèdent les corps de transmettre la chaleur à travers leur masse.

On appelle **bons conducteurs** les corps que la chaleur traverse facilement ; **mauvais conducteurs**, ceux qu'elle traverse difficilement.

Lorsqu'on chauffe l'extrémité d'une tige de cuivre, on

Fig. 43. — Conductibilité calorique.

A. Corps mauvais conducteur.
La main sans se brûler peut
tenir un charbon allumé.

B. Corps bon conducteur.
La barre de cuivre, chauffée à l'extrémité, brûle la
main.

constate bientôt que l'autre extrémité devient brûlante ; tandis qu'un charbon allumé peut être tenu à la main sans difficulté : c'est que le cuivre est bon conducteur, et non le charbon.

Les métaux sont bons conducteurs de la chaleur, tandis que le bois, les étoffes, la pierre, ainsi que les liquides et les gaz, sont de mauvais conducteurs.

Les fourrures, les étoffes de soie, de laine, de coton, préservent du froid parce qu'elles forment comme un matelas d'air qui em-

Fig. 44.
Renard polaire (*Isatis ou Renard bleu*).
Lynx caracal de l'Afrique centrale.

pêche la chaleur du corps de se perdre ; il en est de même de la neige, qui protège les récoltes pendant l'hiver.

Les *animaux du Nord* ont de longues et chaudes fourrures, tandis que *ceux des pays chauds* ont généralement le poil ras (fig. 44).

On peut conserver la glace pendant l'été, en la protégeant contre la chaleur extérieure par des enveloppes faites avec des corps mauvais conducteurs : laine, sciure de bois, paille, etc.

40. Rayonnement. — La chaleur se propage

avec une vitesse considérable par **rayonnement**, en traversant l'air atmosphérique ou le vide. C'est ainsi que la chaleur du soleil nous arrive sans échauffer sensiblement les couches supérieures de l'atmosphère. Tous les corps, même les plus froids, émettent une certaine quantité de chaleur rayonnante.

41. Chaleur lumineuse, chaleur obscure.

— Quelques corps transparents, comme le verre, se laissent facilement traverser par la chaleur accompagnée de lumière ou **chaleur lumineuse**, et se laissent difficilement traverser par la **chaleur obscure**, comme celle qui provient d'un fourneau.

La chaleur du soleil traverse les vitres d'une serre et s'y conserve ; la chaleur obscure du calorifère ne peut rayonner à travers le vitrage.

On utilise cette propriété du verre pour accumuler la chaleur sous les cloches, les bâches et dans les serres, afin de favoriser la rapide croissance des plantes.

RÉSUMÉ

La chaleur dilate les corps et change leur état.

La dilatation agit sur les solides, les liquides et les gaz.

Les thermomètres indiquent la température des milieux où ils sont placés. Il y a des thermomètres à mercure et des thermomètres à alcool.

Sous l'influence de la température, les corps éprouvent des modifications, telles que : la fusion, la solidification, la vaporisation, l'évaporation, l'ébullition, la condensation.

L'industrie utilise la force d'expansion de la vapeur dans les moteurs à vapeur. Il y a aussi des moteurs à essence de pétrole.

La conductibilité calorique est la propriété qu'ont les corps d'être traversés par la chaleur. On distingue les corps bons conducteurs, tels que les métaux ; et les corps mauvais conducteurs, tels que les liquides et les gaz.

La chaleur lumineuse traverse le verre, tandis que la chaleur obscure ne le traverse pas.

CHAPITRE IV

MÉTÉOROLOGIE

42. Définition. — La **météorologie** est l'étude des phénomènes qui se passent dans l'atmosphère : *rosée* et *gelée blanche, brouillards* et *nuages, pluie, neige, grêle, vents, ouragans* et *tempêtes.*

43. Rosée. — On appelle **rosée** les gouttelettes transparentes que l'on voit, le matin, sur les plantes. La rosée est produite par les vapeurs qui se sont élevées de la terre pendant le jour sous l'influence du soleil. Pendant la nuit, la chaleur du sol rayonne dans l'atmosphère et la surface de la terre se refroidit ; ce refroidissement condense les vapeurs des couches inférieures de l'air qui se déposent en rosée.

Pendant les nuits calmes et claires, du printemps et de l'automne, la rosée est très abondante.

La **gelée blanche** est la rosée congelée ; elle se produit lorsque la température s'abaisse au-dessous de zéro après le dépôt de la rosée. Elle cause parfois de vrais désastres en avril et mai, parce qu'elle gèle et fait roussir les jeunes plantes et les bourgeons des arbres. L'ignorance attribue ces gelées à la *lune rousse.*

44. Brouillards. — Les brouillards et les nuages sont formés par de la vapeur d'eau, condensée en gouttelettes très fines qui troublent la transparence de l'air.

Fig. 45. — Différentes sortes de **nuages**.

stratus — cirrus — nimbus — cumulus

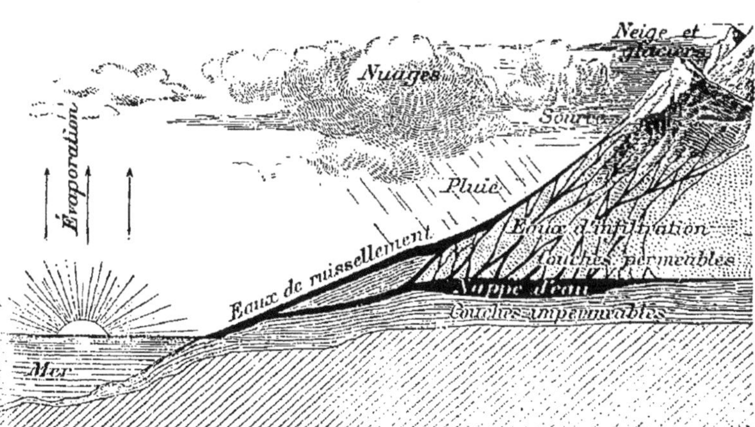

Fig. 46. — Théorie de la **circulation** générale des eaux.

Les brouillards, abondants sur le bord des rivières et des marais, rampent sur le sol ; les nuages sont dans l'atmosphère, à un niveau souvent élevé.

45. Pluie, neige, grêle. — La **pluie** provient de la condensation des vapeurs des nuages, par suite d'un abaissement de température dans les hautes régions.

Lorsque cet abaissement est au-dessous de zéro, les gouttes de pluie sont transformées en **neige** ou en **grêle**.

L'eau tombe en pluie sur les plaines, et en neige sur les hautes montagnes.

46. Vents. — Les **vents** résultent des déplacements plus ou moins rapides de l'air. Ils sont produits par des différences de température entre des lieux voisins. Si dans un pays l'air proche du sol s'échauffe plus qu'ailleurs, il devient plus léger et monte dans l'atmosphère ; l'air du voisinage se précipite pour combler le vide et forme des courants d'air atmosphériques.

Un nuage qui tombe en pluie ou en neige produit le même effet.

Sur les bords de la mer, il y a des vents réguliers : la *brise* vient du large pendant le jour, et de la terre pendant la nuit.

Lorsque les vents deviennent violents et rapides, ils produisent des **ouragans** et des **tempêtes**.

Les **cyclones** sont des vents extrêmement forts, qui s'avancent en tournant autour d'un point central ; ils déracinent les arbres et transportent souvent les matériaux des maisons à une grande distance.

RÉSUMÉ

La météorologie est l'étude des phénomènes atmosphériques : rosée, gelée blanche, brouillards, nuages, pluie, neige, vents.

La rosée se dépose, la nuit, en gouttelettes sur les plantes.
La gelée blanche est la rosée congelée.
Les brouillards et les nuages sont formés par des vapeurs condensées.

La pluie, la neige, la grêle, sont produites par la condensation de la vapeur d'eau, par le froid, dans les régions atmosphériques.

Les vents sont des déplacements d'air produits par des changements de température.

Les vents violents deviennent des ouragans, des tempêtes ou des cyclones.

CHAPITRE V

ACOUSTIQUE

47. Définitions. — L'acoustique a pour objet l'étude des sons. Un **son** est produit dans l'air par les vibrations d'un corps.

48. Production du son. — Une corde fortement

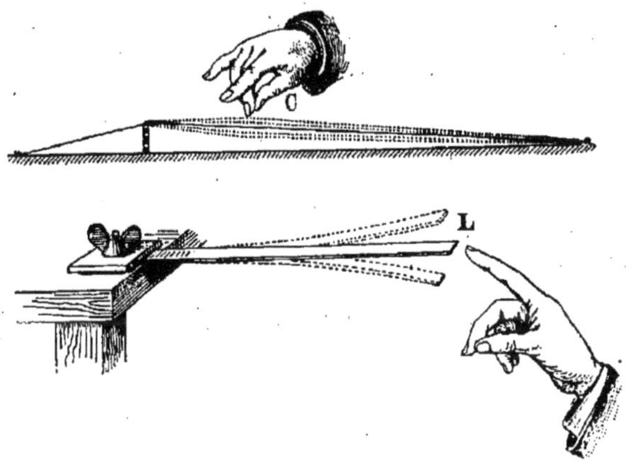

Fig. 47. — C. **Vibrations d'une corde.** — L. **Vibrations d'une lame.**

tendue rend un **son** lorsqu'on l'écarte de sa position, et qu'on l'abandonne ensuite brusquement. On s'aperçoit, au moment où le son est produit, que la corde est agitée d'un mouvement rapide de va-et-vient; on dit qu'elle *vibre* (fig. 47).

Une cloche sur laquelle retombe son battant, un tambour frappé avec des baguettes, vibrent comme la corde tout le temps qu'on entend le son de la cloche ou le bruit du tambour.

Le son du clairon est produit par les vibrations de l'air que l'on souffle à travers l'instrument.

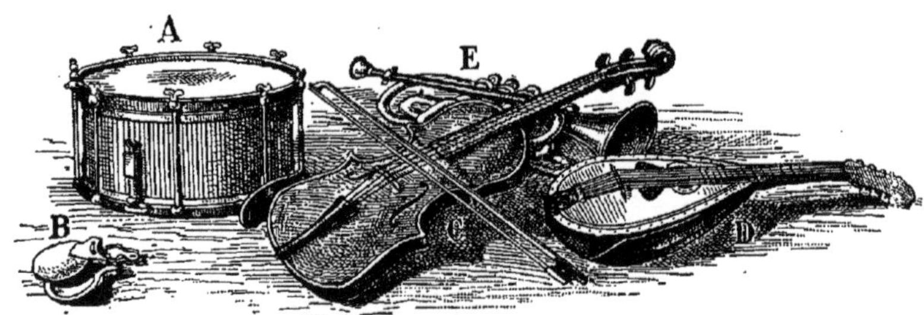

Fig. 48. — **Instruments de musique.**
A. Tambour. — B. Castagnettes. — C. Violon. — D. Mandoline. —
E. Cornet à pistons.

49. Propagation du son. — Lorsqu'un corps vibre, il communique ses vibrations à l'air qui l'environne ; il se produit une série d'*ondes concentriques* qui

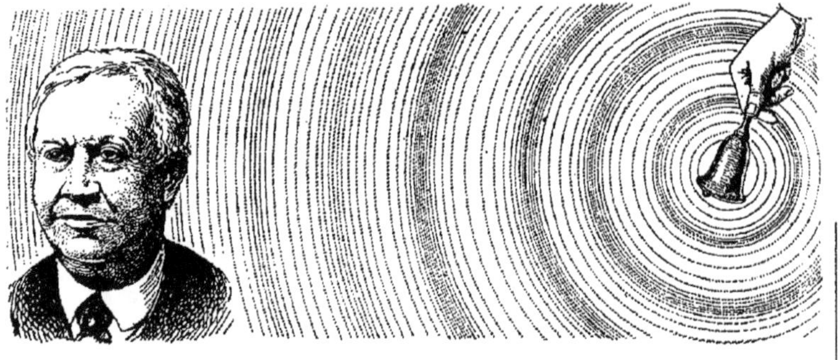

Fig. 49. — Propagation du son par les ondes sonores.

rappellent celles qu'on observe à la surface de l'eau tranquille lorsqu'on y jette une pierre. L'oreille reçoit les sons par l'action de ces ondes (fig. 49).

Dans le vide, le son ne se transmet pas.

50. Vitesse du son. — La vitesse du son est très inférieure à celle de la lumière.

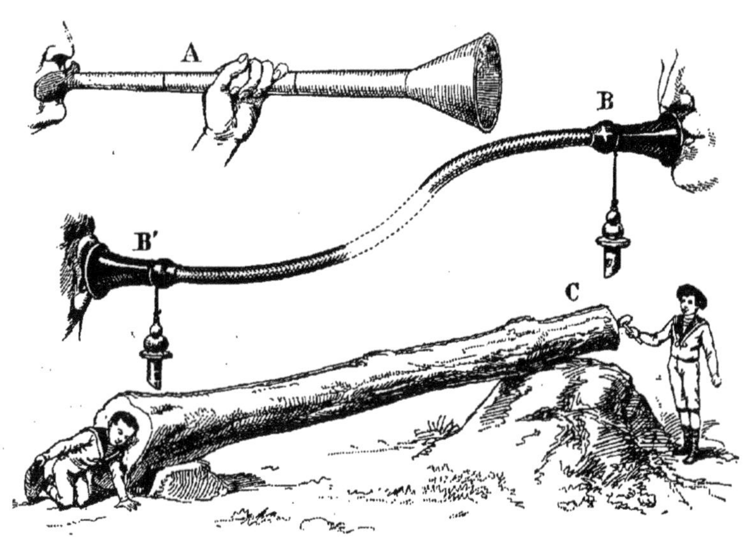

Fig. 50. — **Transmission du son.**
A. Porte-voix métallique. — B B'. Tuyau acoustique. — C. Les corps solides transmettent le son.

Fig. 51. — Le bruit du coup de fusil est réfléchi en **écho** par le rideau d'arbres.

Dans l'air, le son parcourt 340 mètres par seconde ; on voit l'éclair avant d'entendre le tonnerre, et la fumée d'un coup de fusil, avant d'entendre la détonation.

51. Transmission du son. — Le son se propage plus rapidement à travers les liquides et les solides que dans l'air (fig. 5o).

Les sauvages reconnaissent les bruits éloignés en appliquant l'oreille contre le sol.

52. Écho. — Lorsque le son rencontre un obstacle, tel qu'un mur, un rideau d'arbres, un rocher, il se réfléchit comme la lumière; l'oreille entend d'abord le son produit, puis le son réfléchi, ou **écho** (fig. 5ı).

53. Phonographe. — Le **phonographe**, inventé en 1877 par l'Américain Edison, est un appareil destiné à reproduire les sons, les cris, et même la parole humaine (fig. 52, 53).

Il se compose d'une

Fig. 52. — **Un phonographe.**

Fig. 53. — Diaphragme et pointe de phonographe.

lame qui vibre lorsqu'on parle devant l'instrument; à cette lame est fixée une pointe qui inscrit ses vibrations sur un disque tournant, recouvert de cire durcie.

Lorsque l'inscription est terminée, si l'on replace la pointe au point de départ et qu'on fasse de nouveau tourner le disque, les vibrations sonores qui ont été enregistrées se répètent, en reproduisant toutes les inflexions de la voix.

Un morceau de musique, un chant, un discours, peuvent être ainsi entendus autant de fois qu'on le désire, et même plusieurs années après.

RÉSUMÉ

Le son est produit par les vibrations d'un corps : il se propage par ondes concentriques.

La vitesse du son dans l'air est de 340 mètres par seconde; mais il se propage plus rapidement à travers les liquides et les solides.

L'écho est la réflexion du son lorsqu'il rencontre un obstacle.

Le disque du phonographe enregistre les vibrations sonores à l'aide d'une pointe et d'une lame vibrantes; il les reproduit ensuite avec exactitude.

CHAPITRE VI

OPTIQUE

54. Origine. — La lumière est la cause qui nous permet de voir les objets. Elle est produite par le soleil, l'électricité et les substances combustibles.

Le soleil est lumineux par lui-même, la lune l'est par réflexion.

55. Marche des rayons lumineux. — Un faisceau de lumière, pénétrant dans une chambre obscure par un trou du volet, produit une traînée lumineuse en *ligne droite.* Si on place un objet opaque devant ce faisceau lumineux, la lumière s'y arrête sans le traverser.

56. Ombre propre et ombre portée. —

L'ombre est la privation de la lumière, produite par l'interception d'un corps opaque. L'ombre **propre** est celle qui appartient à un objet éclairé partiellement. L'ombre portée est celle que cet objet projette sur une autre surface, celle d'un écran, par exemple (fig. 54).

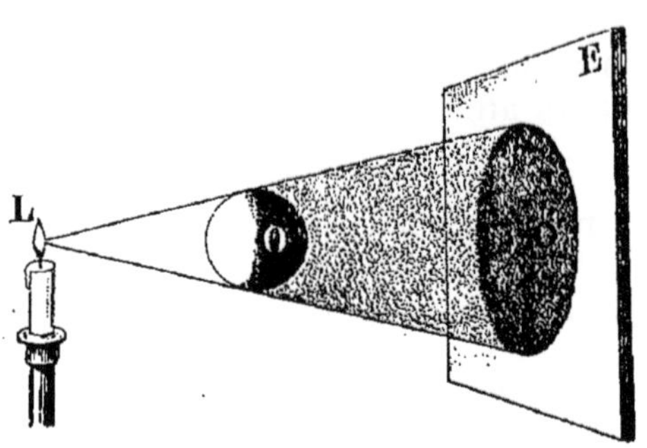

Fig. 54. — O, **Ombre propre** d'un corps opaque. — O', son **ombre portée** sur un écran E.

57. Vitesse. — La lumière parcourt environ 3oo ooo kilomètres par seconde.

La distance de la terre au soleil étant estimée 15o millions de kilomètres, la lumière met donc environ 8 minutes pour la parcourir. Sa vitesse est telle, pour nos observations terrestres, qu'on peut dire qu'elle se propage instantanément. Nous voyons la lumière d'un coup de canon au moment même de l'explosion.

58. Réflexion. — Lorsqu'un rayon lumineux rencontre une surface polie, comme un miroir, une plaque d'acier, il se brise et change de direction; on dit qu'il est **réfléchi**. On le constate en recevant un rayon de soleil sur un miroir, que l'on tourne de manière à renvoyer la lumière réfléchie sur le plafond de la chambre (fig. 55).

59. Réfraction. — Lorsqu'un rayon lumineux passe d'un milieu dans un autre de densité différente, par exemple de l'air dans l'eau, de l'air dans le verre, il ne suit plus la ligne droite, mais sa direction est déviée : on dit qu'il se **réfracte** (fig. 56).

Un bâton plongé dans l'eau paraît brisé; un poisson

semble toujours plus près de la surface de l'eau qu'il ne l'est
en réalité.

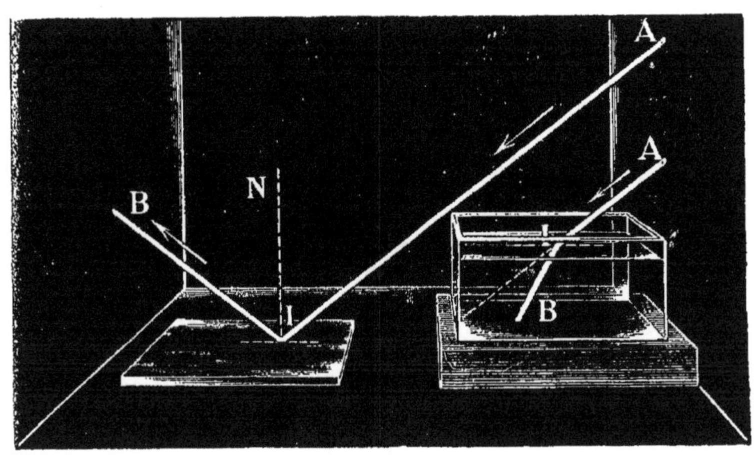

Fig. 55. — **Réflexion.**

Un rayon lumineux qui rencontre un
miroir se réfléchit en prenant une
nouvelle direction.

Fig. 56. — **Réfraction.**

Un rayon lumineux qui passe
de l'air dans l'eau change
de direction.

60. Miroirs. — Un miroir nous fait voir, par
réflexion, l'image d'un objet placé devant lui. Cette image paraît être derrière le miroir, à une distance égale à celle qui sépare l'objet du miroir. Dans les miroirs à surface plane, *miroirs plans*,

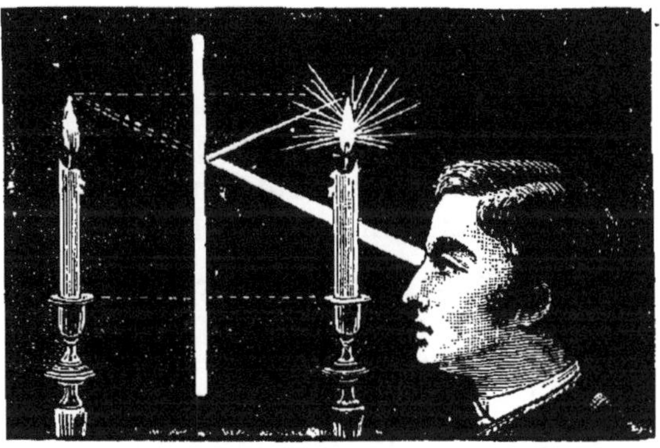

Fig. 57. — **Image vue sur un miroir plan.**

les images sont toujours de même forme et de même
dimension que les objets placés devant eux (fig. 57).

61. Lentilles. — La réfraction de la lumière a

6*

reçu une application dans la construction des lentilles.

On donne ce nom à des disques de verre dont les faces présentent des surfaces courbes, convexes ou concaves (fig. 58).

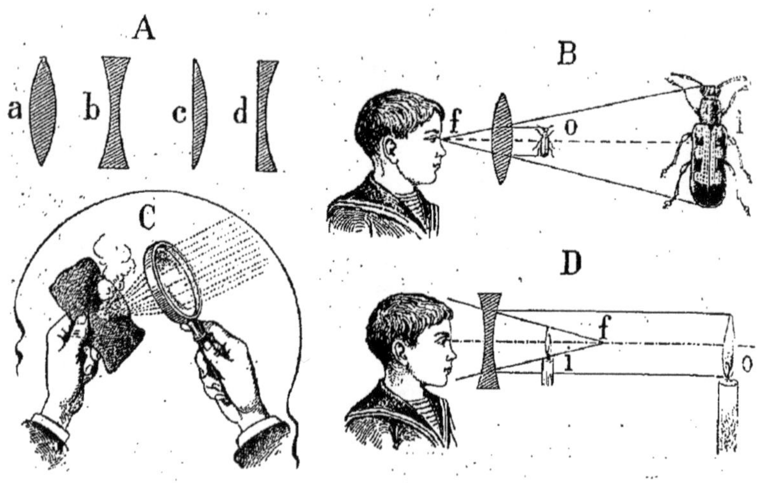

Fig. 58.

A. **Lentilles** : a. biconvexe ou convergente; b. biconcave ou divergente; c. plan convexe; d. plan concave. — B. Effet d'une **lentille convexe convergente** (loupe) : l'image i de l'objet O (un insecte) s'éloigne et s'agrandit. — C. Une étoffe noire s'enflamme lorsqu'on la place au foyer d'une lentille convergente éclairée directement par le soleil. — D. Effet d'une **lentille divergente** : l'image i de l'objet O (une flamme) se rapproche et se rapetisse.

Les rayons lumineux et calorifiques qui traversent une lentille convexe se réunissent en un point nommé **foyer**, et peuvent enflammer du papier, une étoffe, etc.

Les **images** fournies par les lentilles convexes sont plus grandes que les objets eux-mêmes; aussi emploiet-on ces instruments pour observer de petits objets.

Les lentilles concaves rapprochent l'image des objets, mais les font paraître plus petits.

La *loupe*, les *verres de lunettes des presbytes* sont des lentilles convexes; ceux des *lunettes de myopes* sont concaves.

62. Instruments d'optique. — Les instruments d'optique sont formés de lentilles de différentes

sortes, enchâssées dans des tubes métalliques. Les plus
connus de ces instruments sont les *microscopes*, les

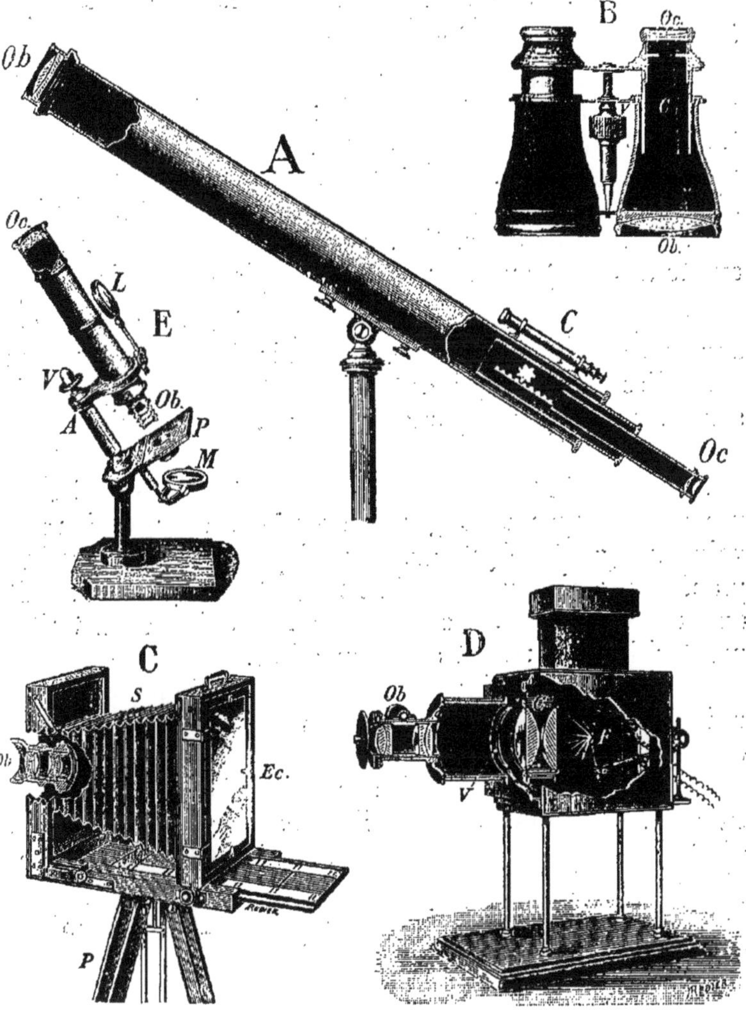

Fig. 59. — **Instruments d'optique.**

A. **Lunette terrestre ou longue-vue.** — B. **Jumelle** ou *lorgnette double*. —
C. **Appareil de photographie.** — D. **Appareil pour projections lumineuses.** —
E. **Microscope composé.**

lunettes terrestres et *astronomiques*, les *appareils de
projections* et *ceux de photographie* (fig. 59).

Les **microscopes** (fig. 59 E) agrandissent les images d'objets qui sont souvent d'une extrême petitesse. Il y a des *microscopes composés*, à lentilles multiples, qui grossissent des milliers de fois.

Les **lunettes terrestres**, ou **longues-vues** (fig. 59 A), rapprochent les objets éloignés ; les marins et les militaires s'en servent souvent. Les **lunettes astronomiques**, ou **télescopes**, parfois d'énormes dimensions, permettent d'observer les astres. Les **jumelles** ou *lorgnettes doubles* (fig. 59 B), plus portatives que les longues-vues, servent aux touristes et aux marins pour explorer l'horizon.

Les **appareils de projection** (fig. 59 D) font paraître sur une large toile tendue, nommée écran, les images agrandies d'objets qui ont été peints ou photographiés sur des plaques transparentes, de petite dimension.

63. Photographie.

63. Photographie. — La **photographie**, découverte par Niepce et Daguerre en 1829, consiste à recevoir l'image des objets sur une *plaque* de verre *sensible*, placée au fond d'une **chambre noire** (fig. 59 C). On fait apparaître et on fixe cette image, à l'aide d'un traitement chimique : c'est alors un *cliché*.

Dans le cliché, les parties claires de l'objet sont en noir, et les parties foncées sont en clair ; c'est pourquoi on l'appelle un **négatif**.

En appliquant le négatif sur un papier sensibilisé, et en exposant le tout à la lumière, on obtient une épreuve photographique **positive**, qui reproduit exactement l'objet photographié.

Depuis quelques années, on est parvenu à photographier les objets avec leurs couleurs.

64. Cinématographe.

64. Cinématographe. — Cet appareil permet de projeter sur un écran une suite de photographies qui se succèdent avec rapidité, ce qui donne au spectateur l'illusion d'une seule image sans cesse changeante, reproduisant les mouvements naturels avec une perfection absolue (fig. 60). Ainsi on voit un homme marcher, un cheval galoper, un enfant sauter, une automobile rouler, etc.

Fig. 60. — Scène de **cinématographe**.

Pour arriver à ce résultat, on prend, à intervalles égaux (15 à 20 par seconde), une suite de petites photographies instantanées, sur une longue bande de papier transparent,

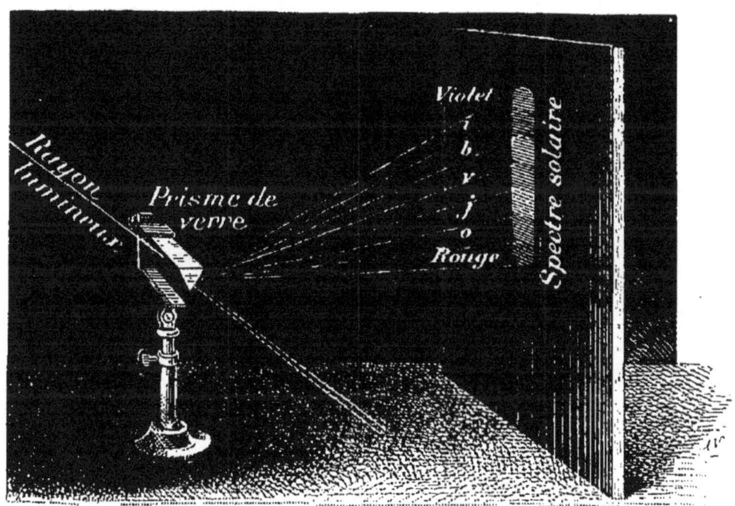

Fig. 61. — **Décomposition de la lumière blanche** par un prisme.

appelée *film*. Pour une scène qui dure quelques minutes, il y a ainsi plusieurs milliers de photographies qui se suivent. Lorsqu'on fait passer de nouveau, à intervalles rapides, chacune de ces photographies devant la lanterne à projection, l'image persistante qui se produit sur l'écran donne l'illusion d'un mouvement réel.

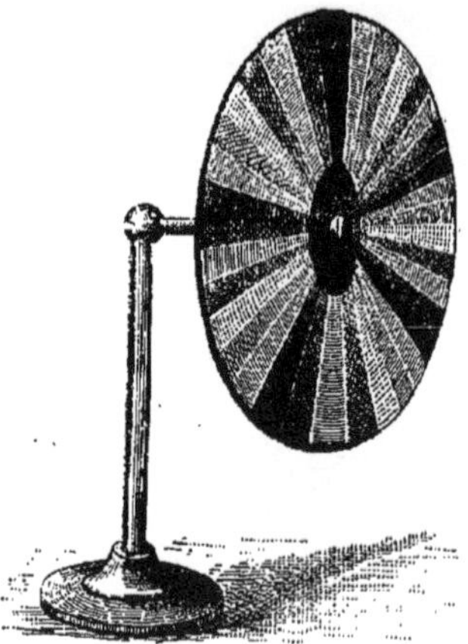

Fig. 62. — **Expérience** du **disque de Newton**.

65. Composition de la lumière.

— Lorsqu'un rayon de lumière solaire traverse un prisme triangulaire de verre, ce rayon se décompose et donne sur un écran une image continue, formée de sept couleurs : *violet, indigo, bleu, vert, jaune, orangé, rouge* : c'est ce qu'on appelle le **spectre solaire** (fig. 61).

Fig. 63. — L'arc-en-ciel au printemps (tableau de Millet).

La lumière est donc formée par les rayons de ces diverses couleurs que le prisme sépare; on le prouve par l'expérience suivante, due à Newton (fig. 62).

Si l'on dispose, en plusieurs séries, les sept couleurs du spectre sur un disque, et qu'on fasse tourner ce disque rapidement, l'œil ne voit qu'une image blanche. On a recomposé la lumière.

66. Arc-en-ciel. — L'arc-en-ciel a les mêmes couleurs que le spectre solaire. Il provient de la lumière du soleil qui se décompose en traversant des gouttes de pluie (fig. 63).

Pour apercevoir l'arc-en-ciel, il faut tourner le dos au soleil et avoir en face de soi des nuages à pluie.

Il y a toujours deux arcs-en-ciel en même temps, mais l'un est beaucoup plus faible que l'autre.

RÉSUMÉ

Un rayon de lumiere se propage en ligne droite dans un milieu homogène.

La vitesse de la lumière est de 300 000 kilomètres par seconde.

Un rayon lumineux se réfléchit sur une surface polie. Il se réfracte, c'est-à-dire éprouve une déviation, lorsqu'il traverse des milieux différents.

Les miroirs reproduisent les images par réflexion.

Les lentilles sont des disques de verre, convexes ou concaves.

Le microscope sert à grossir l'image des objets.

Les longues-vues servent à observer les objets éloignés.

Les appareils à projection font paraître sur un écran des images agrandies.

La photographie fixe l'image des objets sur le verre ou sur le papier.

Le cinématographe projette rapidement sur un écran une série de photographies qui produisent l'illusion du mouvement.

La lumière blanche qui traverse un prisme se décompose en sept couleurs.

Les sept couleurs placées sur un disque, tournant avec rapidité, donnent une image blanche.

L'arc-en-ciel est produit par la décomposition des rayons solaires qui traversent les gouttes de pluie.

CHAPITRE VII

ÉLECTRICITÉ ET MAGNÉTISME

67. Électrisation. — Lorsqu'on frotte vivement des bâtons de verre, de résine, de caoutchouc durci, avec un morceau d'étoffe de laine, ces bâtons attirent de petits morceaux de papier, des barbes de plumes; on dit qu'ils sont **électrisés** (fig. 64).

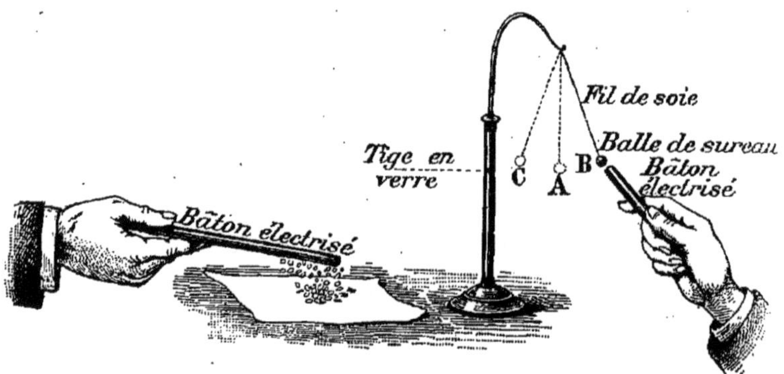

Fig. 64. — **Attraction et répulsion électriques.**
Un bâton électrisé attire les corps légers.
A. B. C. Pendule électrique : balle de sureau attachée à un fil de soie,
alternativement attirée et repoussée par un bâton de verre électrisé.

68. Corps bons et corps mauvais conducteurs. — Une tige de fer frottée ne produirait pas le même effet; elle s'électrise, mais son électricité, à mesure qu'elle se produit, s'échappe dans le sol par l'intermédiaire de notre corps, tandis qu'elle reste sur le bâton de verre ou de résine.

On nomme corps **bons conducteurs** ceux qui, comme l'eau, les métaux, le corps de l'homme ou des animaux, conduisent bien l'électricité. Les corps **mauvais conducteurs**, tels que la soie, le verre, la résine, sont ceux qui ne laissent pas circuler l'électricité.

69. Deux électricités. — Le pendule électrique est formé d'une balle de moelle de sureau suspendue par un fil de soie. Il sert à prouver l'existence de *deux électricités* différentes (fig. 64).

Si l'on approche du pendule un bâton de cire électrisé par le frottement d'une peau de chat, la balle est attirée, puis repoussée dès qu'elle a touché le bâton de cire; si l'on présente alors à la balle un bâton de verre électrisé avec une étoffe de laine, la balle se précipite sur le bâton de verre.

L'électricité de la cire et celle du verre sont donc différentes. On donne le nom d'**électricité positive** ou **vitrée** à celle qui se développe sur le verre frotté avec une étoffe de laine, et d'**électricité négative** ou **résineuse** à celle qui se développe sur le bâton de cire frotté avec une peau de chat.

Deux corps chargés de la même électricité se repoussent, tandis que deux corps chargés d'électricités contraires s'attirent.

70. Étincelle électrique. — Lorsqu'on rapproche deux corps électrisés l'un positivement, l'autre négati-

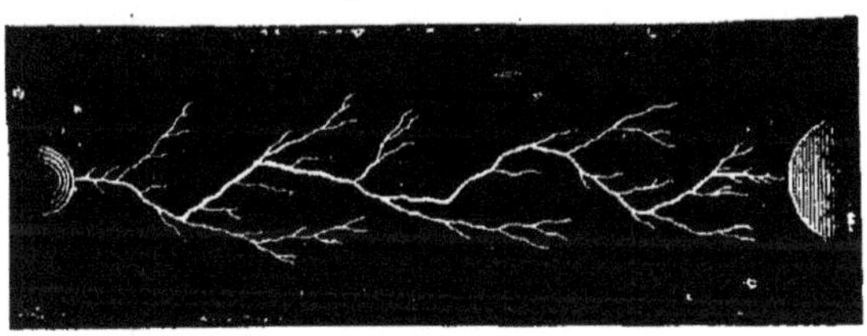

Fig. 65. — Étincelle électrique.

vement, les deux électricités se réunissent brusquement en produisant une **étincelle** et un **bruit sec**.

L'Américain Franklin a démontré (1735) que la foudre consiste en des étincelles qui éclatent entre deux nuages chargés d'électricités différentes, ou entre un nuage et le sol.

Ces étincelles, qui peuvent atteindre plusieurs kilo-

mètres de longueur, se ramifient d'une manière curieuse.
On a réussi à les photographier (fig. 66).

Fig. 66. — **Photographie** instantanée **d'un éclair.**

L'étincelle est l'**éclair**, le bruit qui le suit est le
tonnerre; l'éclair seul est dangereux. Lorsque la foudre
éclate entre un nuage et le sol, elle tombe de préférence
sur les monuments, les objets élevés : il est donc très
dangereux de s'abriter sous les arbres pendant les orages.

71. Paratonnerre. — Cet instrument, inventé par
Franklin, en 1752, se compose essentiellement d'une tige
de fer terminée par une pointe en cuivre doré ou en platine, placée au sommet d'un édifice; cette tige communique, par un câble métallique, avec un puits ou le sol
humide (fig. 67).

Lorsqu'un nuage chargé d'électricité passe au-dessus
du paratonnerre, il décompose l'électricité du sol ; il attire
l'électricité de nom contraire, qui s'écoule par la
pointe et va neutraliser celle du nuage; l'électricité de
même nom est repoussée dans le sol sans produire
d'effet nuisible.

Un paratonnerre protège un espace circulaire à peu
près d'un rayon double de la hauteur de sa tige.

Au *paratonnerre à tige unique de Franklin,* on préfère actuellement le *paratonnerre du Belge Melsens* (1880). Il consiste à envelopper l'édifice d'une sorte d'enveloppe protectrice (*cage de Faraday*), formée de barres ou de lames métalliques, les unes verticales, les autres horizontales, suivant les

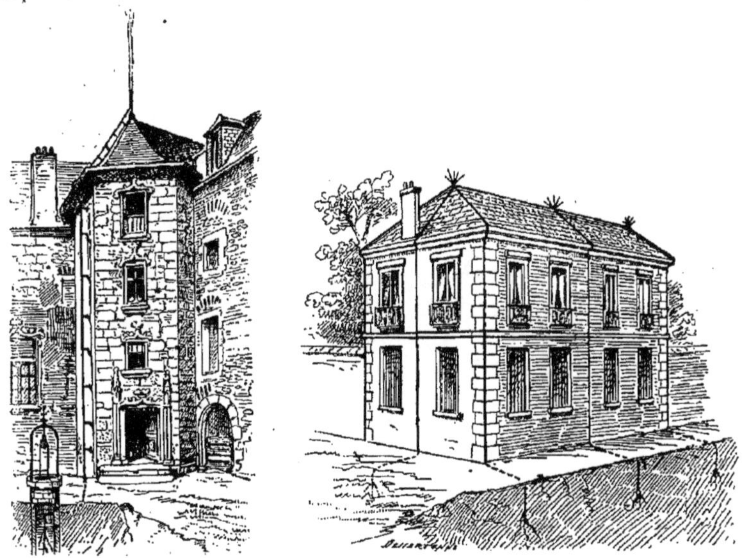

Fig. 67.
Paratonnerre de Franklin.

Fig. 68.
Paratonnerre de Melsens.

lignes architecturales. Toutes ces barres sont reliées entre elles, et mises en communication avec le sol. Les tiges qui suivent la ligne de faîte sont surmontées, de distance en distance, d'aigrettes de pointes métalliques (fig. 68).

72. Courants électriques. — L'électricité se

propage avec une vitesse prodigieuse dans les corps bons conducteurs; elle parcourrait presque instantanément un fil métallique allant du sud au nord de la France.

Lorsque l'électricité chemine dans un fil métallique, on dit que ce fil est traversé par un **courant**.

Pour obtenir l'électricité, on emploie certaines **machines à frottement** (*machines de Ramsden, de Holtz, de Wimshurst* (fig. 69), mais surtout les **piles électriques** (fig. 70).

On appelle **électricité statique** celle qui est produite par les appareils à frottement, et **électricité dynamique** celle qui est produite par les piles.

Fig. 69.
Machine à frottement, de **Wimshurst**, produisant l'électricité statique.

73. Piles. — La **pile** élémentaire, comme celle de l'Italien Volta, est formée de deux lames de métaux différents : cuivre et zinc, plongées dans un liquide acide, qui attaque un des métaux et respecte l'autre. Si l'on réunit les deux lames par un fil métallique, il se produit aussitôt un *courant électrique*.

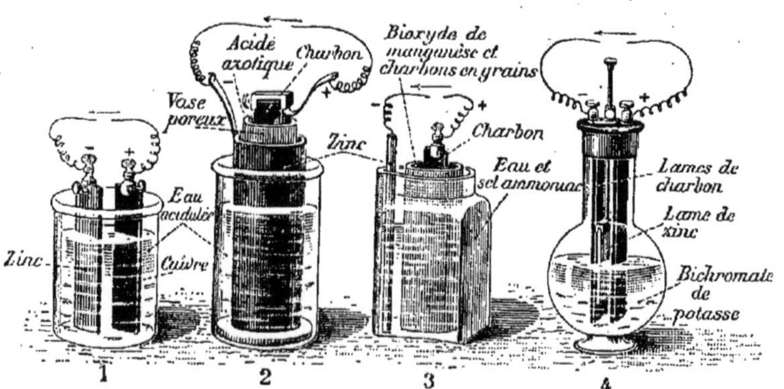

Fig. 70. — **Piles électriques** produisant l'électricité dynamique.
1. de Volta (1800). — 2. de Bunsen (1842). — 3. de Leclanché (1868). —
4. Pile de Grenet (1843).

Il existe un grand nombre de piles. Dans la plupart d'entre elles, on remplace la lame de cuivre par une plaque ou une baguette de charbon (fig. 70).

74. Aimants. — Les aimants sont des corps qui ont la propriété d'attirer le fer, l'acier et quelques autres métaux.

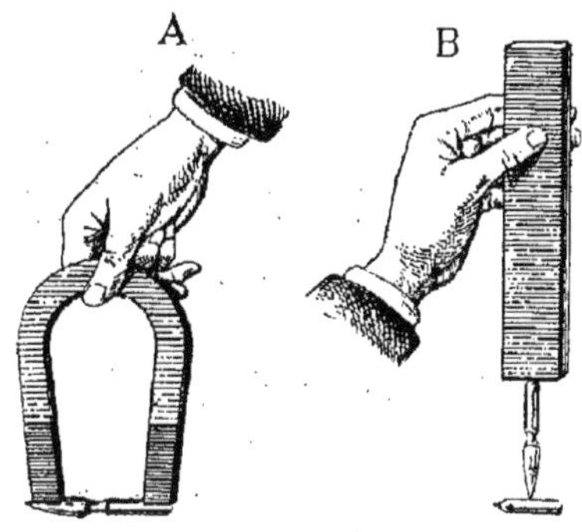

Fig. 71.

A. Aimant artificiel.

B. Aimantation par influence.

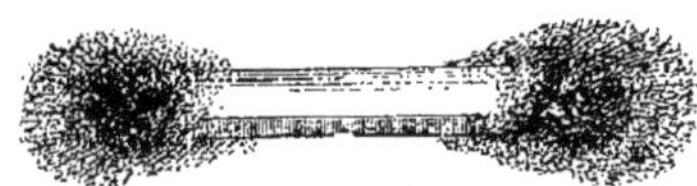

Fig. 72. — Effet d'une barre aimantée sur la limaille de fer.

On les divise en *aimants naturels* et en *aimants artificiels*.

Les aimants naturels sont des minerais de fer, communs en Suède, Norvège, Corse, Algérie.

Les aimants artificiels sont des barreaux d'acier auxquels on a donné, par divers procédés, la propriété d'attraction.

Si on frotte un barreau d'acier avec un aimant naturel, il devient aimant artificiel permanent qui peut à son tour aimanter d'autres tiges d'acier (fig. 71).

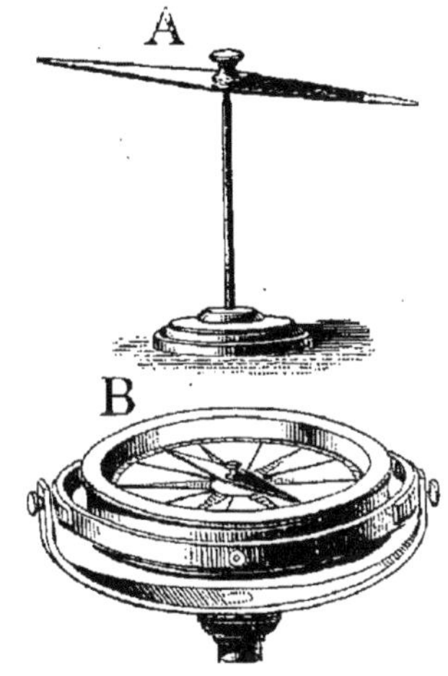

Fig. 73.

A. **Aiguille aimantée** sur un pivot. — B. **Boussole marine** avec suspension à *la Cardan*.

La limaille de fer répandue sur un aimant se porte aux deux extrémités, qu'on nomme les **pôles de l'aimant** (fig. 72).

75. Boussole. — Lorsqu'une aiguille aimantée est suspendue en son milieu par un fil, une de ses extrémités se tourne toujours *vers le nord*.

Cette aiguille, placée sur un pivot d'acier, autour duquel elle tourne librement, constitue la partie principale de la **boussole** employée par les marins pour s'orienter (fig. 73).

RÉSUMÉ

Le frottement produit de l'électricité.

Les corps sont bons conducteurs ou mauvais conducteurs de l'électricité.

On distingue l'électricité vitrée ou positive, et l'électricité résineuse ou négative.

La foudre est produite par les deux électricités qui se combinent en produisant des étincelles longues et bruyantes.

Le paratonnerre préserve de la foudre.

La vitesse des courants électriques est prodigieuse.

L'électricité statique est produite par des machines à frottement; l'électricité dynamique est produite par des piles.

Les aimants attirent le fer et quelques autres métaux.

Il y a des aimants naturels et des aimants artificiels.

La boussole est une aiguille aimantée qui oscille sur un pivot, et dont la pointe se tourne constamment vers le nord.

CHAPITRE VIII

APPLICATIONS DE L'ÉLECTRICITÉ

76. Aimantation par un courant. — Si l'on enroule un fil de cuivre sur un tube de verre contenant une *tige d'acier*, et qu'on fasse passer un courant électrique dans ce fil, la tige d'acier est aimantée et conserve son *magnétisme* (fig. 74).

Une tige de fer doux, placée dans les mêmes conditions, reste aimantée aussi longtemps que passe le courant, mais perd son aimantation dès qu'il s'arrête.

On peut à volonté interrompre un courant électrique ou le laisser passer dans un fil, en interrompant ou en rétablissant la continuité du fil métallique qui transmet ce courant (fig. 75).

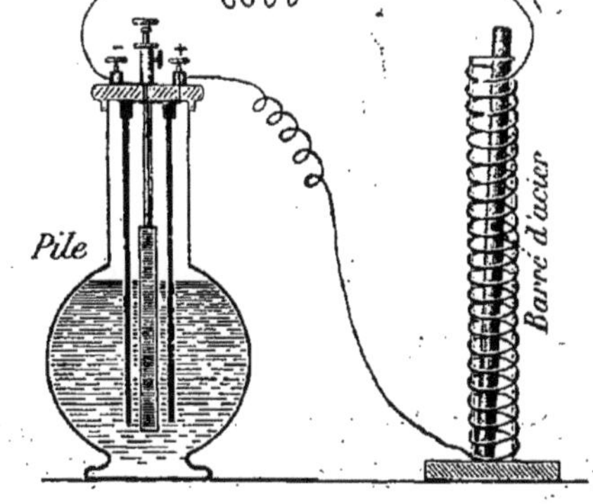

Fig. 74. — **Aimantation d'une tige d'acier par un courant électrique.**

77. Électro-aimant. — L'électro-aimant est une application de l'aimantation ou de la désaimantation du fer doux, sous l'influence d'un courant électrique (fig. 75).

Il se compose d'un barreau de fer doux, droit ou recourbé en fer à cheval, autour duquel on a enroulé un grand nombre de fois un fil de cuivre recouvert de soie pour l'isoler (fig. 75).

Lorsqu'on fait passer un courant dans le fil de cuivre, le fer doux s'aimante et peut soulever une pièce de fer; dès qu'on arrête le courant, le fer doux perd son aimantation, et la pièce de fer retombe (fig. 76).

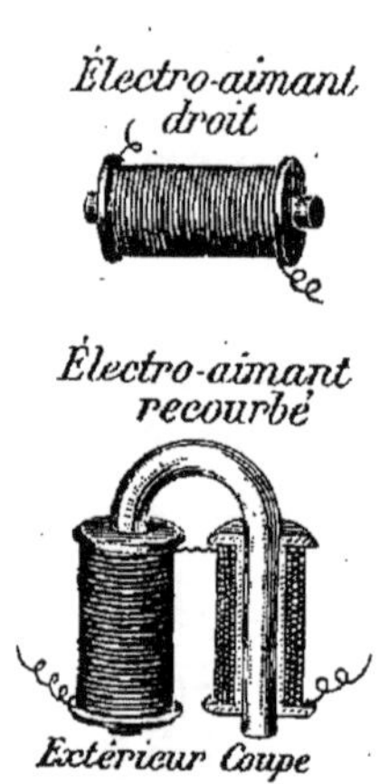

Fig. 75.

Electro-aimants,
droit et
recourbé.

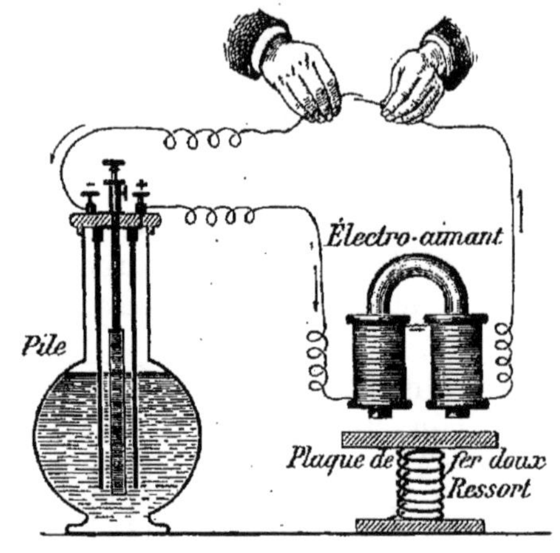

Fig. 76.

Quand le courant passe dans le fil de la bobine, la plaque de *fer doux* est attirée par l'électro - aimant.

On utilise cette propriété pour la construction des *télégraphes* et des *sonneries électriques*.

78. Télégraphe électrique. — Un appareil télégraphique comprend un *poste expéditeur* ou *manipulateur* et un *poste récepteur*, un *fil de ligne* reliant ces deux postes et une *pile* destinée à produire le courant électrique (fig. 77).

La figure 77 présente la théorie de la transmission des dépêches par le **télégraphe Morse.** Pour lancer le courant, on appuie sur le bouton *b* du manipulateur : le contact s'établit en *c*, et le circuit de la pile est fermé; l'électro-aimant *e* du récepteur attire, pendant un temps plus ou moins long, l'armature *a* de fer doux, en faisant basculer le levier *L*. Ce levier porte à son extrémité *s* une pointe recourbée qui vient presser une bande de papier *r r* contre une petite roue *m* (molette) garnie d'encre grasse. Cette bande se déroule lentement, mue par un mouvement d'horlogerie, et, suivant que le contact *c* du manipulateur est plus ou moins long, la

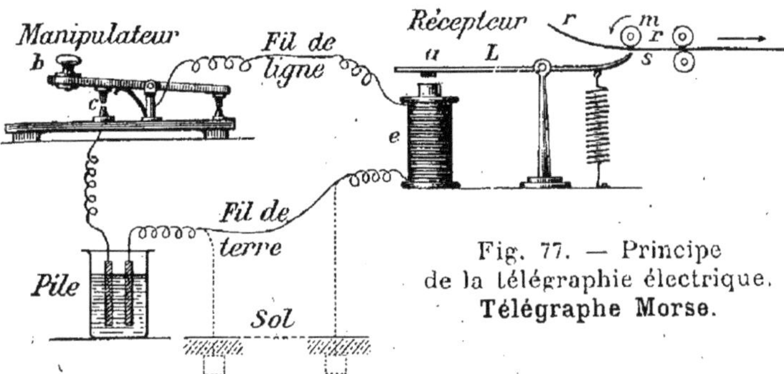

Fig. 77. — Principe
de la télégraphie électrique.
Télégraphe Morse.

pointe *s* presse plus ou moins longtemps la bande de papier sur la molette *m*. Il en résulte l'inscription d'une série de traits et de points, qui constitue un alphabet spécial (*alphabet Morse*).

Dans le **télégraphe de Hughes**, les télégrammes s'impriment d'eux-mêmes en lettres romaines.

En pratique, le fil de ligne existe seul entre le poste expéditeur et le poste récepteur, et le fil de terre communique avec le sol, dans les deux postes.

Quand une ligne télégraphique doit traverser la mer, on enroule ensemble plusieurs fils métalliques qui sont recouverts de substances isolantes. On a ainsi un **câble sous-marin** (fig. 78).

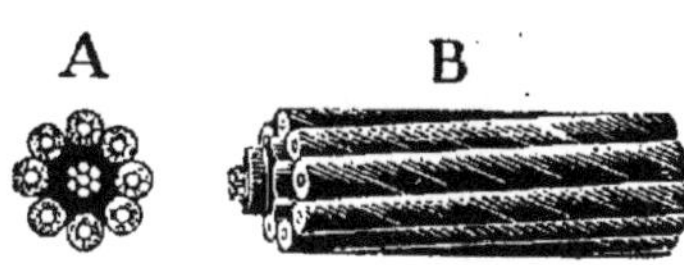

Fig. 78.
**Câble télégraphique
sous-marin.**
A. Coupe. — B. Vue de côté.

L'Europe, l'Amérique, l'Asie et l'Afrique sont reliées par plusieurs de ces câbles.

79. Courants d'induction. — Les courants électriques les plus puissants ne sont pas fournis par des piles, mais par des machines spéciales appelées **dynamos** (fig. 81).

La construction des dynamos repose sur la production des **courants d'induction.** En voici les principes généraux :

1° Lorsqu'on fait mouvoir une bobine, recevant le

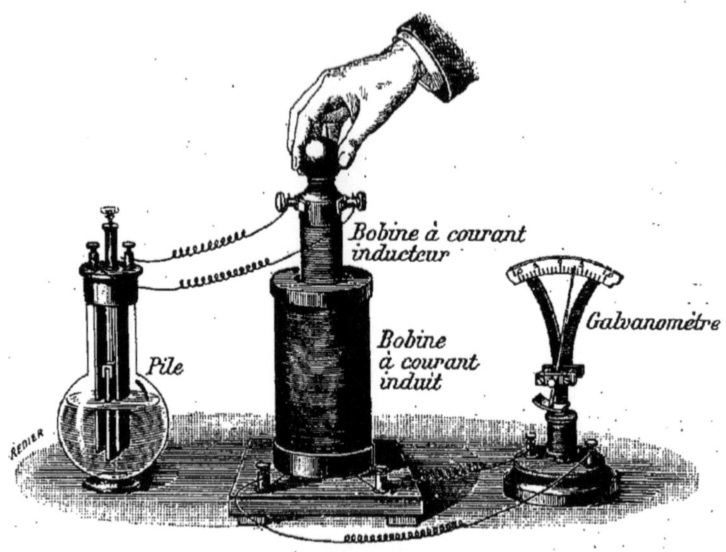

Fig. 79. — Induction par un courant.

Une bobine, recevant le *courant inducteur* d'une pile, détermine un *courant induit* dans une autre bobine à l'intérieur de laquelle on la plonge. Ce courant induit se révèle par la déviation de l'aiguille d'un *galvanomètre*.

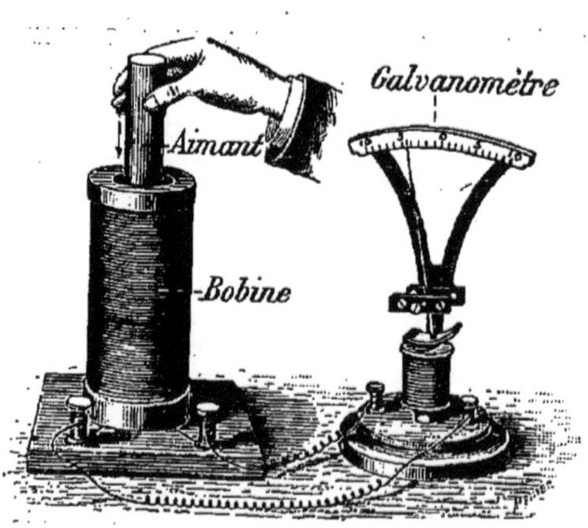

Fig. 80. — Induction par un aimant.

Un cylindre d'acier aimanté devient *inducteur* et détermine un *courant induit* dans une bobine à l'intérieur de laquelle on le plonge. Ce courant induit est décelé par le *galvanomètre*.

courant inducteur d'une pile, à l'intérieur ou à l'extérieur d'une autre bobine, cette dernière est parcourue immédiatement par un courant *induit* (fig. 79).

2° Lorsqu'on fait mouvoir un aimant, à l'intérieur ou à l'extérieur d'une bobine, l'aimant devient *inducteur* et produit dans la bobine un courant *induit* (fig. 80).

Les dynamos qui produisent les courants induits sont

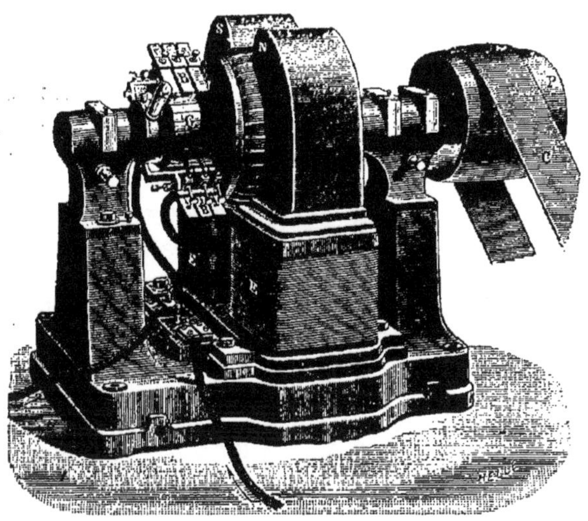

Fig. 81. — **Machine électrique** dite dynamo.

Un *induit* tourne à l'intérieur de deux électro-aimants ou *inducteurs*, ce qui produit un courant électrique; le courant est pris par des *balais* B sur le collecteur G, et conduit à distance à l'aide de câbles métalliques. Le mouvement de rotation est communiqué à l'induit par une machine à vapeur, à l'aide de la courroie C qui s'enroule sur la poulie P.

mises en mouvement par des machines à vapeur, ou par des turbines actionnées par des chutes d'eau.

80. Transport de la force à distance.

— Au moyen de *câbles métalliques*, on recueille et l'on transporte à de grandes distances les courants produits par les dynamos. Ces courants électriques sont une puissante source d'énergie, que l'on distribue à volonté et que l'on transforme en travail mécanique, par l'intermédiaire d'une *dynamo réceptrice*.

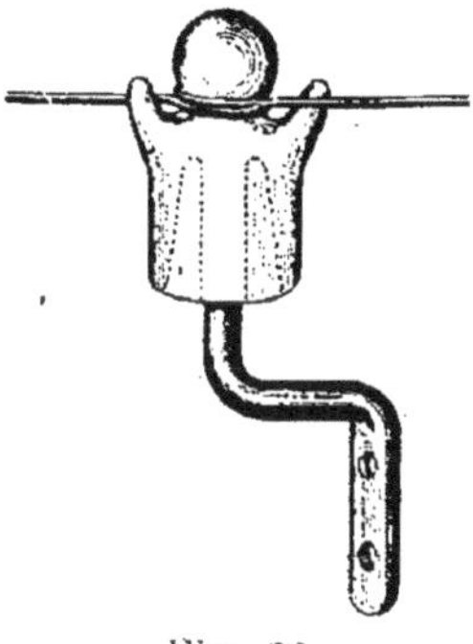

Fig. 82.

Isolateur en porcelaine pour fil aérien.

C'est ainsi que l'électricité peut donner le mouvement aux tramways et aux locomotives (fig. 83), éclairer les villes et les plus humbles localités, fondre les métaux et les substances les plus dures dans les fours électriques, actionner les machines-outils dans les ateliers et les manufactures, etc.

81. Tramways électriques. — Dans les tramways électriques, qui ont pris une si grande extension depuis quelques années, l'électricité provient des dyna-

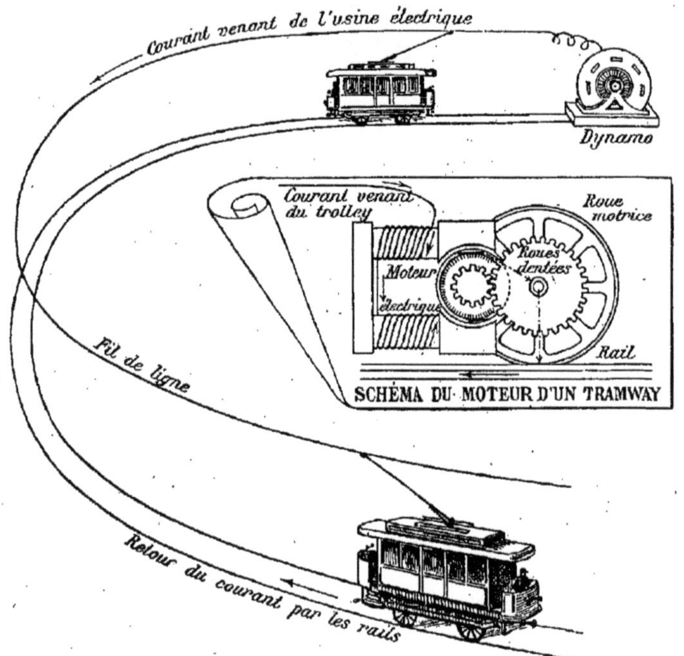

Fig. 83. — Théorie du tramway électrique.

mos d'une usine électrique. Le courant circule dans un *fil aérien;* il est capté par un petit chariot à ressort (*trolley*), placé à l'extrémité d'une longue tige flexible dominant le tramway. Le courant descend dans un *contrôleur distributeur,* d'où, par une manœuvre du mécanicien, il va actionner un moteur dynamo, qui fait tourner les roues (fig. 83). Le retour du courant électrique se fait par les *rails.*

Dans certaines villes populeuses, comme Paris, la plupart des trolleys sont souterrains.

82. Lampes électriques. — Il y a deux types de lampes électriques : les lampes à arc et les lampes à incandescence.

Dans les *lampes à arc* (fig. 84), la lumière est produite par les étincelles qui jaillissent d'une manière continue entre deux baguettes de charbon, et produisent une éblouissante lumière (*arc voltaïque* ou *électrique*). Les extrémités

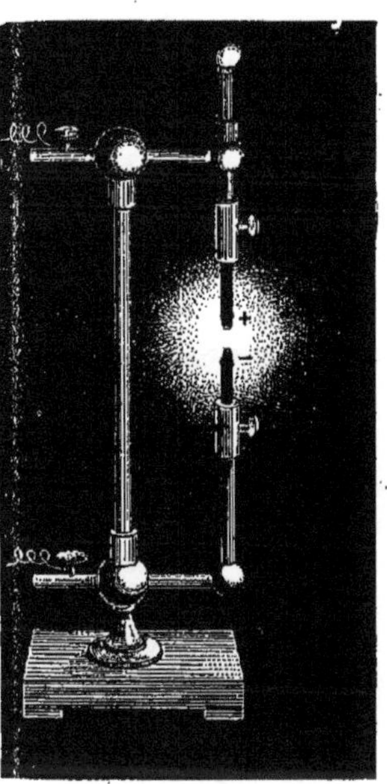

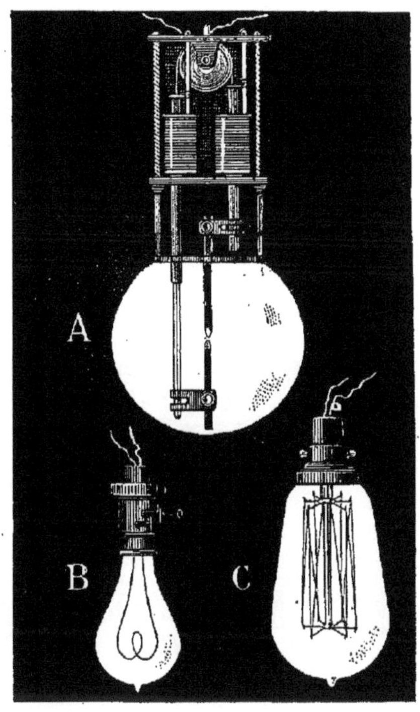

Fig. 84. — **Arc électrique.**

Le crayon de charbon du pôle positif + s'use plus rapidement que l'autre et se creuse en forme de cratère.

Fig. 85. — **Lampes électriques.**

A. Lampe à arc (Davy, 1801). — B. Lampe à filament de charbon (Edison, 1880). — C. Lampe à filament métallique d'osmium (Auer, 1900).

des charbons doivent être placées vis-à-vis, mais sans se toucher ; le courant arrive par un charbon et sort par l'autre. Afin d'atténuer la lumière trop vive de l'arc électrique, on entoure les lampes d'un globe en verre dépoli (fig. 85 A).

7 — NOTIONS DE SCIENCES Nº 200.

Dans les *lampes à mercure*, l'arc électrique traverse un long tube contenant des vapeurs mercurielles.

Dans les *lampes à incandescence* (fig. 85, B et C), on obtient la lumière en faisant passer un courant électrique dans des fils de charbon ou d'oxydes métalliques, de la finesse d'un cheveu. Ces fils sont placés à l'intérieur de petites ampoules d'où l'on a retiré l'air. Dès que le courant passe, les fils s'échauffent, deviennent incandescents et, sans se consumer, produisent une vive lumière.

La première lampe à *filament de charbon* fut construite par l'Américain Edison (1880). En 1900, le docteur Auer substitua au charbon un *filament d'osmium*, qui est un métal rare. On construit aujourd'hui des lampes très éclairantes avec d'autres oxydes de terres rares : tantale, tungstène, zirconnium, etc. On a trouvé aussi le moyen d'augmenter la puissance lumineuse des lampes à arc, en substituant aux crayons de charbon pur des crayons de charbon *minéralisés* par des sels métalliques (*lampes à arc-flamme*).

Fig. 86. — **Four électrique de Moissan.**
(Vue de l'intérieur du creuset et du four.)

83. Fours électriques. — On utilise, dans des fours spéciaux (fig. 86), la haute température de l'arc électrique pour la fusion des corps qui ne se liquéfient qu'à une température très élevée (3 500 degrés et plus).

Pour cela, on enferme les extrémités des charbons dans un creuset où l'on met les substances à fondre. Le creuset est placé au milieu d'un bloc de chaux vive, et l'on fait circuler dans les charbons un très fort courant.

84. Téléphonie. — Le **téléphone** est un appareil d'induction, qui sert à transmettre la parole à de grandes distances.

Voici (fig. 87) sur quel principe il repose :

Si l'on parle devant une *plaque* métallique très mince D, elle

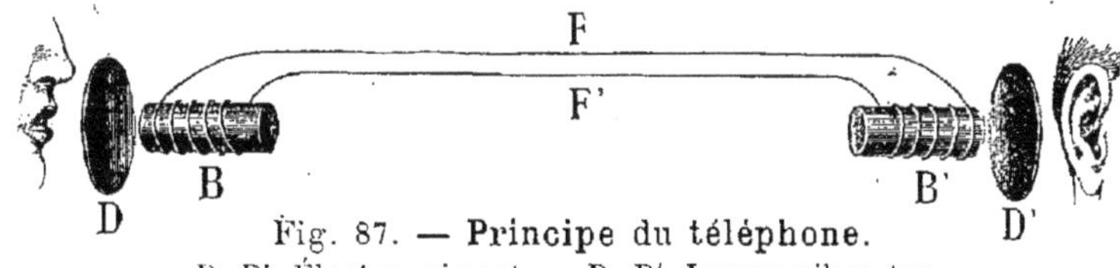

Fig. 87. — **Principe du téléphone.**
B. B'. Électro-aimant. — D. D'. Lames vibrantes.

se met à vibrer et influence le *barreau aimanté* B. Les courants ainsi développés dans le barreau B sont transmis par les fils F F' à un autre barreau aimanté B', qui, à son tour, fait vibrer la plaque D' de la même manière que vibre la plaque D. Et l'oreille humaine, qui est douée d'une extrême sensibilité, entend en D' la parole prononcée en D. On peut donc indifféremment parler ou écouter en D et en D'.

En pratique, les appareils téléphoniques sont munis de piles ou autres appareils produisant l'électricité et de **microphones**, instruments très sen-

Fig. 88. — Téléphone.

sibles qui amplifient l'intensité des sons et permettent de
téléphoner à plusieurs centaines de kilomètres de distance.

85. Télégraphie sans fil.

— Lorsqu'une série
d'étincelles éclatent entre deux
petites sphères situées à l'un et
l'autre pôles d'une machine électrique (*oscillateur de Hertz*), il
se produit des ondes ou vibrations
électriques (fig. 89). Si la machine est puissante, ces ondes
peuvent se propager à une très
grande distance et avec une vitesse
de 3oo ooo km. par seconde.

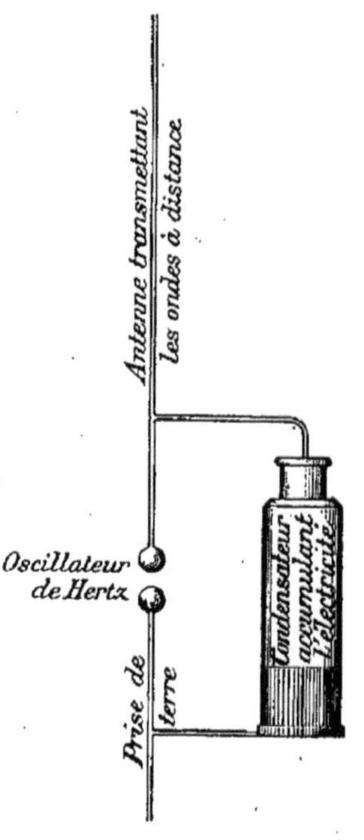

Fig. 89.
Schéma de l'appareil
d'émission des
ondes électriques.

C'est ainsi que les *postes radioté-
légraphiques* émettent des étincelles,
par séries longues et brèves (traits et
points), de manière à constituer un
véritable langage conventionnel signi-
fiant des lettres et des mots. Ils peuvent émettre aussi des étincelles, plus
ou moins rapides, dont les ondes,
reçues avec le téléphone, produisent
à l'oreille des sons de hauteurs différentes, ressemblant à des notes musi-
cales.

Pour recevoir les dépêches (*radiogrammes*) de la télégraphie sans fil,
il suffit de tendre un ou plusieurs
fils métalliques (*antennes*) qui recueillent les ondes électriques.
et communiquent avec des récepteurs spéciaux et peu coûteux.

La plupart des grandes nations ont établi des postes gigan-
tesques de télégraphie sans fil, qui donnent l'heure exacte
plusieurs fois par jour, font connaître les observations météo-
rologiques des diverses stations d'Europe et d'Amérique. Ces
stations communiquent aussi avec les transatlantiques qui
naviguent sur l'Océan, et envoient des radiogrammes dans
le monde entier. Les ondes électriques transmises par les
antennes de la Tour Eiffel (fig. 90) peuvent être reçues à plus
de 6 ooo kilomètres de distance.

Les navires munis d'appareils de télégraphie sans fil

peuvent communiquer entre eux sur l'Océan, à plusieurs milliers de kilomètres.

C'est l'Allemand Hertz qui, à l'aide d'appareils spéciaux, obtint des ondes électromagnétiques d'une grande puissance (*ondes hertziennes*) (1887); le Français Branly inventa le premier appareil pour rendre ces ondes sensibles, le *tube à*

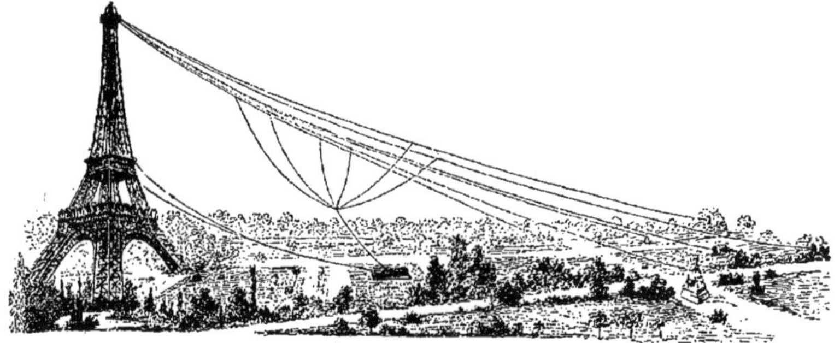

Fig. 90. — Station radiotélégraphique du Champ de Mars établie en 1903, à Paris.

Réseau d'antennes et poste souterrain où sont les appareils pour l'envoi et la réception des radiogrammes.

limailles ou *radioconducteur Branly* (1890) ; le Russe Popoff eut l'idée d'établir des *antennes* (1895) pour la transmission et la réception des radiogrammes ; l'Italien Marconi réalisa la première communication à grande distance, et inventa (1896) un appareil récepteur très sensible, le *détecteur magnétique*.

86. Téléphonie sans fil. — Dans la télégraphie sans fil, les ondes électriques produisent des séries de crépitements longs et brefs, ou des sons musicaux, qui représentent des lettres et constituent ainsi des mots et des phrases.

Mais on est parvenu aussi à transmettre la voix humaine à travers l'espace, à l'aide de ces mêmes ondes électriques ; dans ce cas, les appareils récepteurs doivent être d'une grande sensibilité.

87. Radiographie. — Lorsque les étincelles électriques se propagent à l'intérieur d'une ampoule où le vide est fait à un millionième d'atmosphère (*tube de Crookes*), elles émettent des rayons invisibles qu'on a appelés *rayons cathodiques* et qui donnent au verre de l'ampoule une teinte phosphorescente. Ce verre phosphorescent émet à son tour d'autres rayons invisibles dits **rayons X.**

Les rayons X se propagent toujours en ligne droite et traversent la plupart des corps opaques, tels que le bois, le papier, les chairs; tandis qu'ils sont arrêtés par d'autres corps, comme le verre, les métaux, les os.

Si l'on place la main sur un papier photographique (ou sur un écran au platinocyanure de baryum), et qu'on l'éclaire par-dessus à l'aide des rayons X, l'ombre de la main présente des parties obscures qui dessinent les os, et des parties moins sombres qui limitent les chairs (fig. 91).

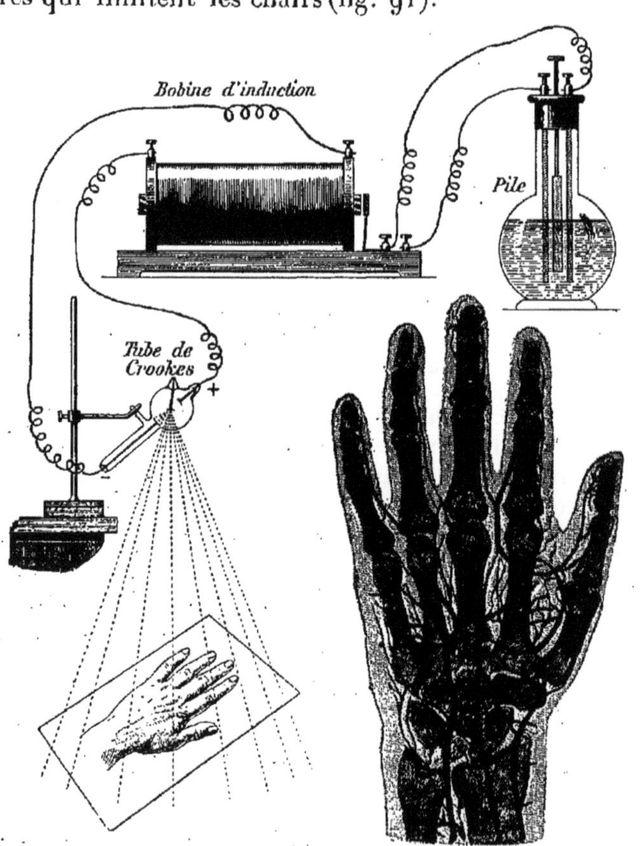

Fig. 91. — Dispositif des appareils pour la **radiographie** d'une main humaine.

Au moyen d'appareils radioscopiques, on peut ainsi voir à l'intérieur du corps la place précise où s'est logé un projectile, reconnaître le contenu d'une boîte fermée, constater les imitations des pierres précieuses, etc.

C'est le physicien allemand Röntgen qui, en 1895, découvrit les propriétés des rayons X.

RÉSUMÉ

Une tige d'acier peut être aimantée par un courant électrique.

L'électro-aimant est une application de l'aimantation et de la désaimantation par la pile.

Le télégraphe électrique transmet les dépêches par des courants qui agissent sur des électro-aimants.

Les courants électriques les plus forts ne sont pas produits par des piles, mais par des machines dynamos.

Les courants électriques des dynamos sont transportés à de grandes distances par des fils métalliques. On les transforme en force, en lumière ou en chaleur (tramways, lampes électriques, fours électriques).

Le téléphone est un appareil d'induction qui transmet la parole à distance.

La télégraphie sans fil expédie les dépêches par des ondes électriques ; il en est de même de la téléphonie sans fil.

Les étincelles électriques qui se produisent à l'intérieur d'une ampoule de verre émettent des rayons cathodiques et des rayons X ; ces derniers traversent la plupart des corps opaques et permettent d'en photographier l'intérieur (radiographie).

CHIMIE

CHAPITRE PREMIER

DÉFINITIONS.
OXYGÈNE, HYDROGÈNE ET AZOTE

1. Définitions. — La Chimie étudie la composition des corps, et leur action les uns sur les autres.

On distingue les *corps simples* et les *corps composés*.

Les **corps simples** paraissent formés d'une seule substance : l'or, le fer, le soufre, sont des corps simples.

Les **corps composés** sont formés par plusieurs corps simples : le calcaire, le gypse, le sel marin, sont des corps composés.

On compte environ soixante-dix corps simples ; les corps composés sont beaucoup plus nombreux.

On divise les corps simples en *métalloïdes* et en *métaux*.

Les **métalloïdes** sont au nombre de seize ; parmi les plus importants on peut citer : l'*oxygène*, l'*hydrogène*, l'*azote*, le *carbone*, le *chlore*, le *soufre* et le *phosphore*.

On compte près de cinquante **métaux**. Les plus utiles sont : le *fer*, le *cuivre*, le *plomb*, le *zinc*, l'*étain*, le *mercure*, l'*or*, l'*argent*, le *platine*, l'*aluminium* et le *nickel*.

Oxygène.

2. Caractères. — L'oxygène est un gaz incolore, inodore, sans saveur, qui a pour caractère spécial d'être éminemment propre à entretenir la combustion.

Si on plonge une allumette incomplètement éteinte dans une éprouvette remplie de ce gaz, elle se rallume aussitôt (fig. 1).

Un charbon incandescent, suspendu par un fil métallique dans un flacon d'oxygène, brûle avec une vive lumière; il en est de même d'un fragment de soufre ou d'un morceau de phosphore enflammés (fig. 2).

Fig. 1.

Une allumette éteinte, mais présentant encore un point rouge, se rallume subitement dans l'oxygène.

Un fil de fer roulé en spirale et portant un morceau d'amadou allumé à son extrémité, rougit, fond et brûle dans un ballon d'oxygène, en lançant de brillantes étincelles (fig. 2).

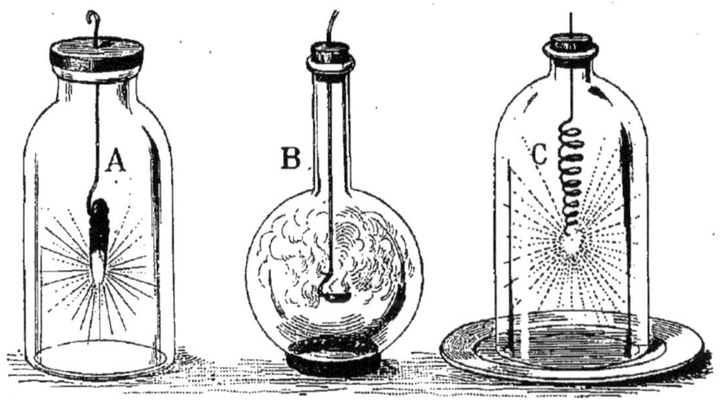

Fig. 2. — **Combustion vive des corps dans l'oxygène.**
A. Charbon incandescent. — B. Morceau de phosphore allumé. — C. Fil de fer rougi.

Un jet comprimé, d'un mélange d'oxygène et d'acétylène, produit une flamme d'une chaleur intense, capable de fondre les substances les plus dures : acier, platine, quartz.

3. Combustion lente. — Par opposition à la *combustion vive*, dont on vient de donner des exemples, on appelle **combustion lente** la combinaison de l'oxygène avec un certain nombre de corps, sans dégagement sensible de chaleur et de lumière.

Fig. 3. — Des feuilles vertes, mises dans une éprouvette pleine d'eau et exposées au soleil, dégagent de l'oxygène.

La *rouille* est le résultat de la combinaison du fer humide avec l'oxygène. La *respiration* de l'homme, des animaux et des plantes est une combustion lente du carbone du sang ou des tissus végétaux.

4. Préparation. — L'oxygène est très répandu dans la nature, soit à l'état de mélange comme dans l'air, soit à l'état de combinaison comme dans l'eau et la plupart des corps composés.

Pour obtenir l'oxygène pur des végétaux, il suffit de mettre des feuilles vertes dans l'eau d'une éprouvette que

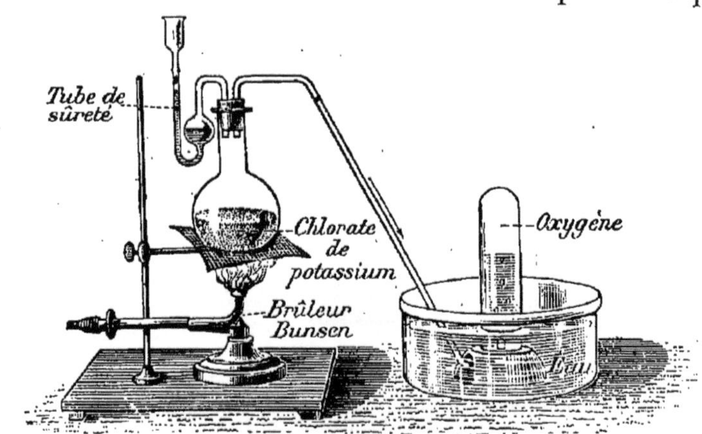

Fig. 4. — **Préparation de l'oxygène dans les laboratoires.**

l'on renverse et qu'on expose au soleil. Les feuilles laissent se dégager des bulles gazeuses d'*oxygène*, qui se réunissent au sommet de l'éprouvette (fig. 3).

On l'obtient plus abondamment en chauffant dans un

ballon en verre du *chlorate de potassium*, qui se décompose par la chaleur ; le gaz, conduit par un tube recourbé, est recueilli dans une éprouvette (fig. 4).

Aujourd'hui dans l'industrie, on extrait l'oxygène de *l'air liquide* volatilisé.

Hydrogène.

5. Caractères. — L'hydrogène est, comme l'oxygène, un gaz incolore, inodore et sans saveur. Il pèse environ quatorze fois et demie moins que l'air ; c'est le plus léger de tous les corps.

Des bulles de savon gonflées avec l'hydrogène s'élèvent

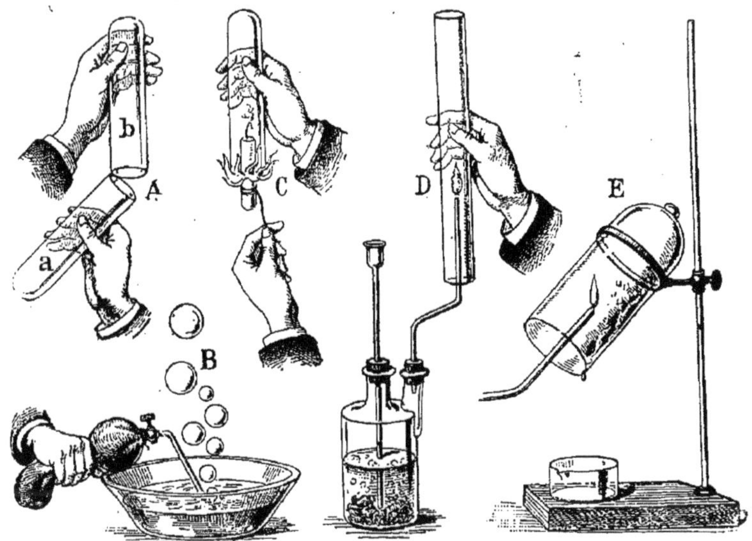

Fig. 5. — **Expériences sur l'hydrogène.**

A Transvasement de l'hydrogène : le gaz, plus léger que l'air, passe de l'éprouvette *a* dans l'éprouvette *b*. — B. Bulles de savon gonflées d'hydrogène : elles s'élèvent comme de petits ballons. — C. Une bougie allumée enflamme l'hydrogène ; mais elle s'éteint quand on la plonge dans ce gaz. — D. La flamme de l'hydrogène, entourée d'un long tube, produit un son musical (*harmonica chimique*). — E. L'hydrogène en brûlant se combine avec l'oxygène de l'air pour former de la vapeur d'eau, qui se condense sur les parois d'une cloche froide.

dans l'air. Son extrême légèreté permet de le faire passer facilement d'une éprouvette dans une autre, en renversant celle qui le contient (fig. 5).

L'hydrogène ne peut entretenir la respiration, mais n'est pas un poison.

Il brûle avec une flamme pâle, se combinant avec l'oxygène de l'air pour produire de la vapeur d'eau.

Un mélange de deux volumes d'hydrogène et d'un volume d'oxygène détone violemment à l'approche d'une flamme.

6. Préparation. — L'hydrogène n'est pas à l'*état libre* dans la nature, mais on le trouve à l'*état de combinaison* dans presque tous les composés organiques.

On l'extrait de l'eau, qui en renferme le 1/9 de son poids (fig. 6).

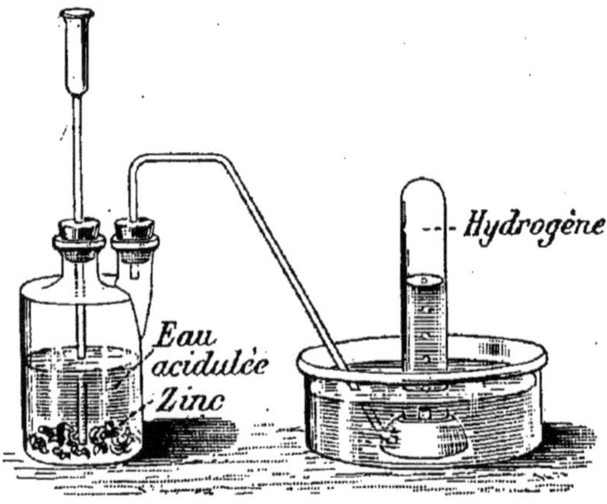

Fig. 6. — **Préparation de l'hydrogène.**

On introduit de l'eau et du zinc, dans un flacon à deux tubulures. L'une de ces tubulures porte un tube qui se rend sous une éprouvette dans une cuve à eau ; l'autre tubulure est munie d'un entonnoir, dont la partie inférieure plonge dans l'eau. On verse peu à peu de l'acide chlorhydrique ou de l'acide sulfurique dans l'entonnoir, et l'on voit aussitôt des bulles gazeuses d'hydrogène se rendre dans l'éprouvette.

7. Usages. — En raison de sa légèreté, ce gaz est employé pour gonfler les petits ballons en caoutchouc et même des aérostats ; mais, comme il traverse rapidement les enveloppes, on le remplace souvent par le gaz d'éclairage, qui est plus lourd, mais moins cher, et traverse plus difficilement les membranes.

Eau.

8. Définition. — L'eau, considérée par les anciens comme un des quatre éléments de la nature (eau, air, feu, terre), est *un composé d'oxygène* et *d'hydrogène*.

9. Caractères. — L'eau peut exister sous les trois états : *solide* (neige, glace), *liquide* (fleuves, mers), *gazeux* (vapeurs, brouillards, nuages).

Elle entre dans la composition de tous les corps vivants. A l'état solide, elle se présente sous forme de cristaux admirablement groupés, qui, pendant l'hiver, couvrent les vitres des appartements (fig. 7).

A la température ordinaire, l'eau pure est un liquide sans odeur ni saveur. Observée sous une faible épaisseur, elle est incolore ; mais vue sous

Fig. 7. — **Cristaux de neige** étoilés, vus à la loupe.

une grande masse, dans les lacs et les mers, elle paraît généralement bleue. Elle se solidifie à 0°. L'eau peut dissoudre un grand nombre de substances.

Un litre d'eau, à la température de 4°, pèse 1 kilogramme.

10. Analyse de l'eau. — Un *courant électrique* décompose l'eau en ses deux éléments : **oxygène** et **hydrogène**.

Le **voltamètre**, dont on se sert pour cette analyse, se compose d'un vase dont le fond est traversé par deux fils de platine, recouverts chacun par une éprouvette remplie d'eau acidulée.

7*

On met les deux fils en communication avec les deux pôles

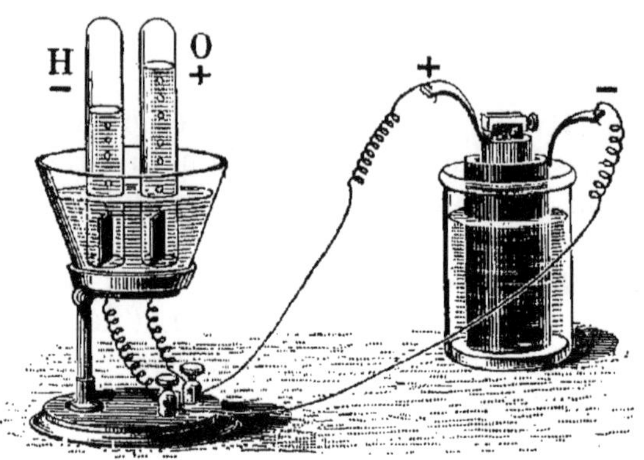

Fig. 8. — **Décomposition de l'eau** en hydrogène et en oxygène,
par la pile électrique.

d'une pile, et on voit aussitôt des bulles gazeuses monter
dans les éprouvettes. Ces gaz sont : l'*hydrogène* au *pôle négatif*
et l'*oxygène* au *pôle positif*.

On constate que le volume de l'hydrogène est double de celui de l'oxygène dégagé pendant le même temps.

L'eau est donc composée d'un volume d'oxygène et de deux volumes d'hydrogène.

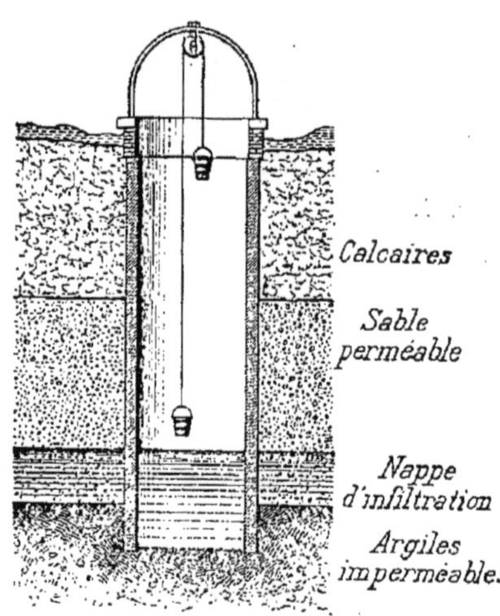

Fig. 9. — Coupe théorique
d'un **puits ordinaire**.

11. Les eaux naturelles.

— L'*eau de pluie* est presque pure ; mais les eaux qui coulent sur le sol ou qui s'y infiltrent, ne le sont jamais ; elles dissolvent une grande quantité de matières solubles. L'eau des puits est souvent contaminée par des microbes.

Les principaux gaz dissous dans l'eau sont l'air atmosphérique et le gaz carbonique. Cet air, riche en oxygène, entretient la vie des animaux et des plantes aquatiques.

L'eau peut aussi dissoudre du carbonate de calcium, du sulfate de calcium et autres sels ; de plus, elle contient souvent des matières organiques.

Les **eaux calcaires** déposent une croûte pierreuse dans les ustensiles de cuisine et les chaudières à vapeur.

Les **eaux séléniteuses** contiennent du plâtre en dissolution.

Ces deux espèces d'eaux sont lourdes, indigestes, ne cuisent pas les légumes et ne dissolvent pas le savon.

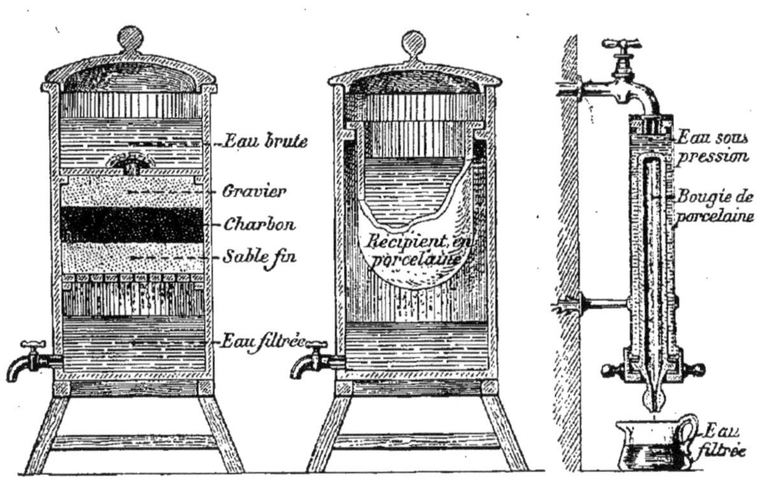

Fig. 10. — **Filtres.**

Filtre à sable et à charbon.   Filtre en porcelaine poreuse.   Filtre sous pression.

Les eaux des citernes, des marais, des puits creusés dans le voisinage des fumiers, contiennent des matières organiques en décomposition ; elles ont une mauvaise odeur et renferment souvent les germes de maladies mortelles : fièvre typhoïde, choléra, diphtérie, etc.

Pour utiliser ces eaux, il faut les *filtrer* sur une couche de charbon de bois, ou les *faire bouillir* pour détruire les microbes qu'elles contiennent (fig. 10).

En distillant de l'eau de mer, on peut obtenir de l'eau potable.

12. Eaux minérales et thermales. — Quand les eaux contiennent en dissolution une certaine quantité de sels qui leur donnent des propriétés curatives, on les nomme **eaux minérales** (Vichy, Royat, Plombières, Mont-Dore, etc.).

Les **eaux thermales** sont des eaux minérales dont la température dépasse 20°.

La plupart des eaux minérales et thermales sont utilisées en médecine.

13. Eau potable. — L'eau potable, ou bonne à boire, est limpide, fraîche, inodore, de saveur faible mais agréable; elle peut se conserver plusieurs mois, dans une bouteille bien bouchée, sans s'altérer.

Elle doit contenir en dissolution de l'air et un peu de gaz carbonique. Une eau qui n'est pas aérée est indigeste. Les poissons périssent dans une eau privée d'air par l'ébullition.

Air.

14. Caractères. — L'air est un mélange gazeux, sans odeur, ni saveur; incolore sous une faible épaisseur, mais bleuâtre dans les couches d'air de l'atmosphère.

L'air est indispensable pour la vie et la combustion. Un animal placé sous une cloche de verre périt en peu de temps; une bougie allumée, placée dans les mêmes conditions, s'éteint bientôt.

Les plantes privées d'air s'étiolent et meurent.

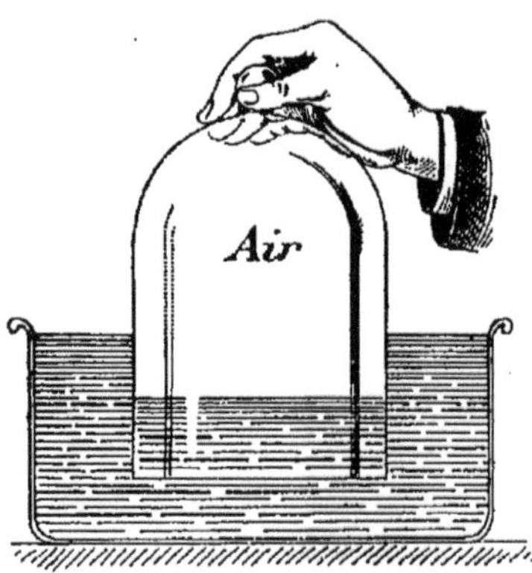

Fig. 11. — **Constatation de la présence de l'air.** L'air occupe une place que l'eau ne peut remplir.

15. Composition. — L'air est formé d'un *mélange d'oxygène et d'azote*, dans les proportions de 21 volumes d'oxygène et de 79 volumes d'azote.

L'air renferme encore des traces de gaz carbonique et de vapeur d'eau.

Il contient en outre de nombreuses poussières, que l'on aperçoit quand un rayon de soleil pénètre dans un appartement fermé.

La composition de l'air reste constamment la même, malgré l'énorme quantité de gaz carbonique fourni par les dégagements gazeux de certains terrains, par les combustions, les fermentations, la respiration de l'homme et des animaux.

Sous l'influence de la lumière solaire, les parties vertes des plantes décomposent le gaz carbonique contenu dans l'air, s'emparent du carbone qui leur est nécessaire, et restituent l'oxygène.

Azote.

16. Caractères et usages. — L'azote est un gaz incolore, qui ne peut entretenir ni la vie ni la combustion. Un animal périt bientôt dans une atmosphère d'azote, et une bougie allumée s'y éteint immédiatement (fig. 12).

L'azote est très répandu dans la nature, surtout dans l'air ; il forme la partie essentielle des aliments. Les plantes l'empruntent directement à l'air ou aux engrais.

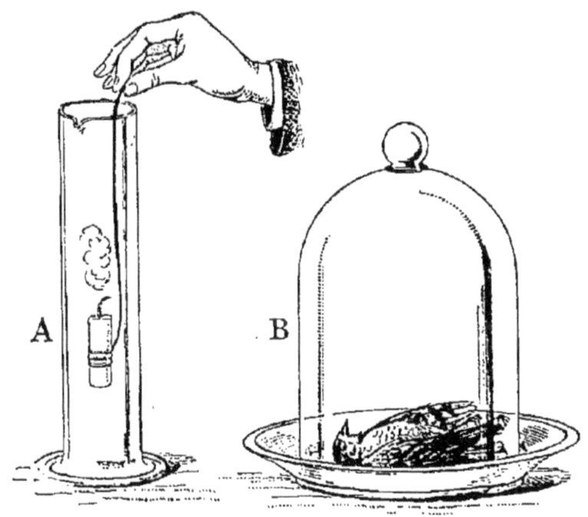

Fig. 12. — **Effets de l'azote.**
A. Une bougie allumée s'éteint dans l'azote. — B. Un oiseau introduit dans une cloche pleine d'azote y meurt promptement.

L'azote tempère l'action trop vive de l'oxygène sur l'organisme ; il joue le rôle de l'eau dans le vin.

17. Préparation. — On extrait l'azote de l'air, dont il forme les 4/5.

Il suffit de placer un morceau de phosphore enflammé dans une coupelle placée sur un morceau de liège flottant à la surface de l'eau, et de recouvrir le tout d'une cloche de verre. Le phosphore s'empare de l'oxygène, en donnant des vapeurs blanches qui se dissolvent dans l'eau ; celle-ci monte dans la cloche, et le gaz qui reste est de l'azote (fig. 13).

Dans l'industrie on extrait l'azote de l'*air liquide*, qui s'évapore successivement en azote et en oxygène.

Fig. 13.
Préparation de l'azote.

Le phosphore brûle l'oxygène de l'air et laisse l'azote : le niveau de l'eau monte dans la cloche.

Acide azotique.

18. Caractères. — **L'acide azotique** ou eau-**forte** est un composé d'azote, d'oxygène et d'hydrogène. C'est un liquide incolore lorsqu'il est pur.

Il attaque presque tous les métaux ; aussi l'emploie-t-on pour les nettoyer (*décaper*), et pour graver sur le cuivre et l'acier (*gravure à l'eau-forte*).

Cet acide concentré transforme le coton végétal naturel en *coton-poudre* ou *fulmicoton*, substance très inflammable, employée comme explosif. Il entre aussi dans la préparation de la soie artificielle.

Ammoniaque.

19. Caractères. — L'ammoniaque est un gaz formé par la combinaison de 1 volume d'azote et de 3 volumes d'hydrogène. Il est incolore, d'une odeur vive et piquante qui provoque les larmes ; très soluble dans l'eau, qui peut en dissoudre 1 800 fois son volume à la température de 15°.

20. Usages. — La dissolution de gaz ammoniac est nommée **alcali volatil**; on l'emploie contre les piqûres et les morsures des animaux venimeux.

Quelques gouttes d'alcali dans un verre d'eau sucrée dissipent les effets de l'ivresse.

On fait disparaître la **météorisation** ou le *gonflement* produit chez les ruminants par l'ingestion d'un excès de fourrage vert, en leur faisant boire un litre d'eau avec 3o ou 4o grammes d'ammoniaque.

Ce liquide sert aussi à dégraisser les étoffes de laine ou de soie.

RÉSUMÉ

En Chimie, les corps se divisent en corps simples et corps composés.

Les corps simples se subdivisent en métalloïdes et en métaux.

L'oxygène est un gaz éminemment propre à la combustion et à la respiration.

L'hydrogène est un gaz inflammable; il pèse environ 14 fois et demie moins que l'air. C'est le plus léger de tous les corps.

L'eau est composée d'un volume d'oxygène et de deux volumes d'hydrogène. Les eaux de pluie sont les plus pures; celles qui circulent dans la terre dissolvent des substances minérales. On purifie les eaux par la distillation ou par la filtration.

L'air est un mélange de 21 volumes d'oxygène et de 79 volumes d'azote, avec quelques autres gaz en faible proportion.

L'azote ne peut entretenir la respiration ni la combustion.

L'acide azotique ou eau-forte sert à graver sur le cuivre et l'acier.

L'ammoniaque ou gaz ammoniac est une combinaison de 1 volume d'azote et de 3 d'hydrogène; il est très soluble dans l'eau (alcali volatil).

CHAPITRE II

LE CARBONE ET SES COMPOSÉS

21. Caractères. — Le carbone, ou **charbon**, est un corps solide, d'aspect variable, insoluble dans tous les liquides. Lorsqu'il brûle complètement à l'air, il donne du gaz carbonique.

Presque tous les combustibles sont des composés du carbone. On distingue les *charbons naturels* et les *charbons artificiels*.

Charbons naturels.

22. Variétés. — Les principaux charbons naturels sont : le *diamant*, le *graphite*, l'*anthracite*, la *houille* et la *tourbe* (fig. 14).

Diamant. — Le **diamant** est du carbone pur, cristallisé. On le recherche pour la parure, à cause de son éclat. Sa dureté est telle, qu'il ne peut être poli que par sa propre poussière.

Graphite. — Le **graphite**, nommé à tort *plombagine* ou *mine de plomb*, est doux au toucher et laisse des traces noires sur le papier ; on en fait des crayons.

Anthracite. — L'**anthracite** est un charbon noir, brillant, qui s'enflamme difficilement, mais donne beaucoup de chaleur.

Houille. — La **houille**, ou *charbon de terre*, est moins dure que l'anthracite et brûle facilement ; elle sert au chauffage et pour la préparation du gaz d'éclairage.

L'anthracite et la houille ont été produits par la décomposition des plantes dans les terrains anciens.

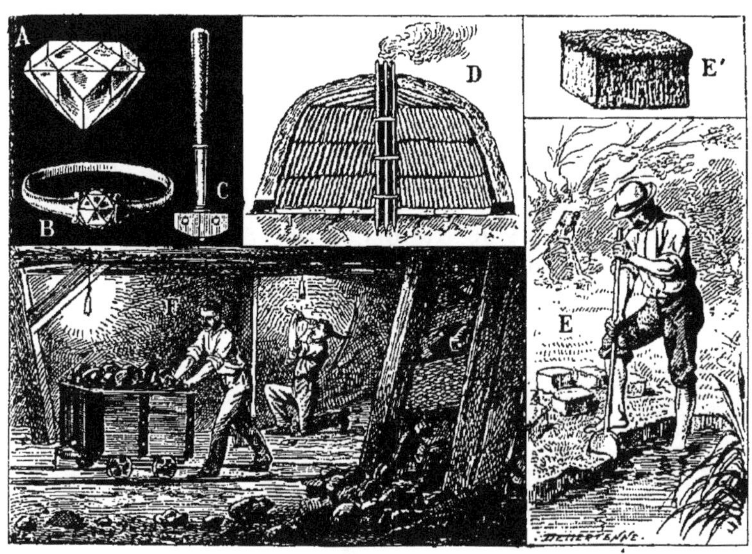

Fig. 14. — **Variétés de carbone.**

A. *Diamant* taillé en brillant. — B. *Diamant* taillé en rose. — C. *Diamant* monté pour couper le verre. — D. Vue de l'intérieur d'une meule pour la fabrication du *charbon de bois*. — E. Extraction de la *tourbe*. — E'. Motte de tourbe. — F. Galerie d'extraction d'une *mine de houille*.

Tourbe. — La **tourbe** est une masse spongieuse, noire ou brune, qui se forme dans les marais par la décomposition des plantes aquatiques.

Charbons artificiels.

23. Variétés. — Les principaux charbons artificiels sont : le *coke*, le *charbon de bois*, le *noir animal* et le *noir de fumée*.

Coke. — Le *coke* est le résidu de la distillation de la houille en vase clos ; il donne beaucoup de chaleur. On l'utilise pour le chauffage des appartements et celui des machines.

Charbon de bois. — Le charbon de bois est un résidu de la combustion incomplète du bois, à l'abri de l'air.

Pour le préparer, on empile les bûches comme l'indique la fig. 14 D. On recouvre le tout de terre, en laissant quelques ouvertures pour le passage de l'air, et on jette des matières embrasées par la cheminée. Quand la combustion est assez avancée, on bouche les ouvertures et on laisse refroidir.

Noir animal. — On obtient le **noir animal** en calcinant des os en vase clos. Il est utilisé comme filtre et décolorant dans le raffinage du sucre, et comme engrais en agriculture.

24. Noir de fumée. — Le noir de fumée (fig. 15)

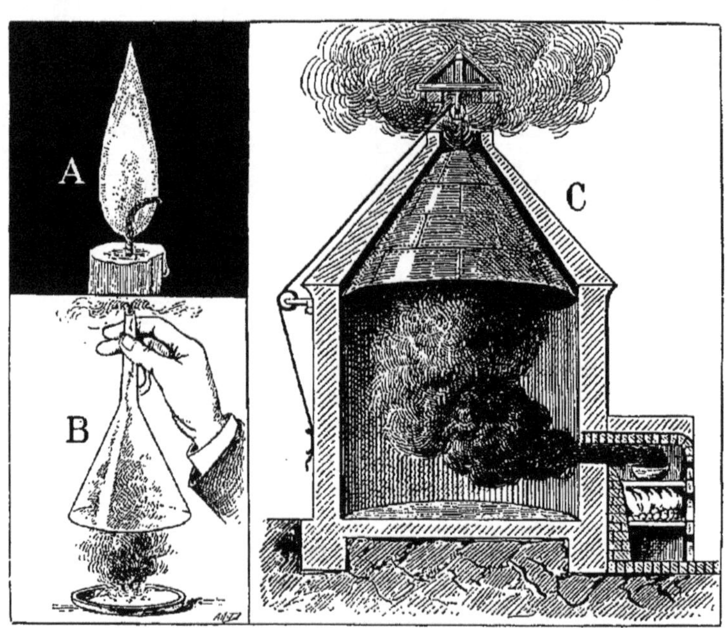

Fig. 15. — Le carbone.

A. La flamme d'une bougie : combustion complète du carbone. — B. La combustion incomplète du bitume produit du noir de fumée. — C. Préparation du noir de fumée.

provient de la combustion incomplète de matières riches en carbone (graisses, résines, goudrons); les particules

charbonneuses se déposent sur les parois d'une chambre
fermée. Le noir de fumée sert dans la peinture et la
préparation des encres d'imprimerie.

Gaz carbonique.

25. Caractères. — Le gaz carbonique est une
combinaison d'oxygène et de carbone. Ce gaz, d'une
saveur aigrelette, éteint les corps en combustion ; il est
impropre à la respiration, quoiqu'il ne soit pas un
poison.

Il se produit dans la respiration et dans toutes les combustions.

Il se dégage du sol dans les pays volcaniques, des eaux
gazeuses naturelles (Saint-Galmier, Seltz, etc.), des fours
à chaux, des cuves de vendange en fermentation, dont,
pour cette raison, le voisinage est dangereux.

C'est ce gaz qui, en se formant dans la pâte, creuse les

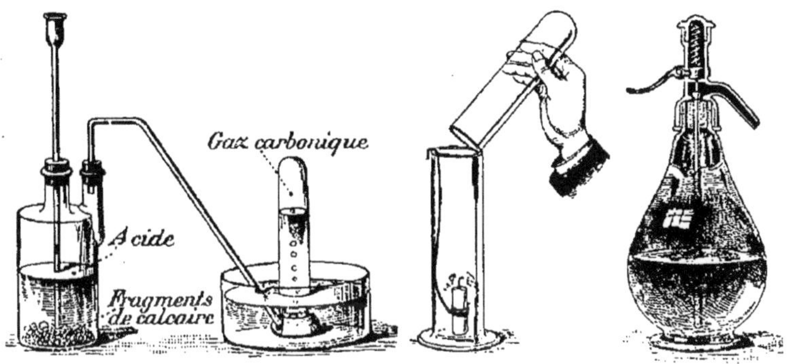

Fig. 16. — **Le gaz carbonique.**

Préparation du   Quand on verse du gaz carbonique   *Siphon*
gaz carbonique   sur une bougie allumée, elle   d'eau
par un calcaire.   s'éteint.   gazeuse.

trous qu'on voit dans le pain cuit, et qui fait mousser la
bière et le champagne.

Comme il est plus lourd que l'air, il s'accumule dans les
parties basses de certaines grottes ; un homme peut y pénétrer
sans danger, grâce à sa taille, mais un chien est rapidement
asphyxié (grotte du Chien, près de Naples) ; une bougie allu-

mée brûle près de la voûte, et s'éteint lorsqu'on l'abaisse dans la couche de gaz carbonique.

26. Préparation. — Il suffit de verser un acide, tel que l'acide chlorhydrique, sur la craie, le marbre, pour produire un dégagement de gaz carbonique qu'on peut recueillir dans une éprouvette sur la cuve à eau (fig. 16).

27. Usages. — Le gaz carbonique sert à préparer les eaux gazeuses artificielles (*eau de Seltz*) (fig. 16).

Oxyde de carbone.

28. Caractères. — L'oxyde de carbone se produit dans la combustion du charbon, lorsque la quantité d'oxygène est insuffisante. Il brûle avec une flamme bleue.

Ce gaz, inodore, est un poison très dangereux. Il se dégage des cheminées qui ont peu de tirage, des poêles en fonte que l'on chauffe au rouge. La plupart des accidents attribués au gaz carbonique sont dus à l'oxyde de carbone.

Le **gaz pauvre** pour **moteurs** est un mélange d'oxyde de carbone et d'hydrogène, produit par un gazogène qui brûle indifféremment de l'anthracite ou du charbon maigre. On emploie le gaz pauvre pour faire fonctionner les machines, parce que son rendement est beaucoup plus économique que celui du gaz d'éclairage.

Formène. — Grisou.

29. Carbures d'hydrogène. — Le carbone forme avec l'hydrogène un grand nombre de combinaisons, appelées **carbures d'hydrogène**, par exemple : le *formène* ou *gaz des marais*, l'*acétylène*, le *gaz d'éclairage*, le *pétrole*.

30. Formène. — Le formène, appelé aussi *gaz des marais*, se forme dans la vase des marais, par suite de la décomposition des matières organiques.

Pour le recueillir, il suffit de remuer la vase avec un
bâton, et de rassembler les bulles gazeuses dans un flacon

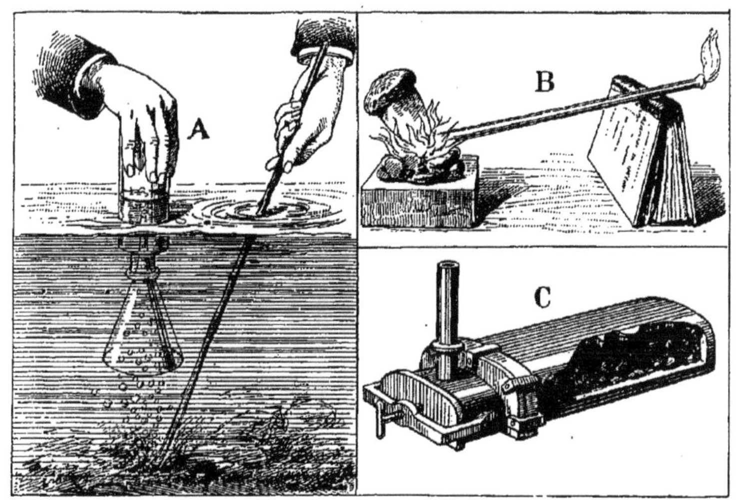

Fig. 17. — **Gaz hydrogène carburé.**

A. Extraction du **gaz des marais**. — B. Expérience sur la production du **gaz
d'éclairage**. — C. **Cornue** pour la préparation industrielle du gaz d'éclairage.

plein d'eau, muni d'un entonnoir (fig.
17 A).

Le gaz des marais brûle avec une flamme
peu éclairante.

Mélangé avec deux fois son volume
d'oxygène, il détone violemment à l'approche d'une flamme.

31. Grisou. — Dans les mines de
charbon, le formène s'échappe parfois
en abondance des fissures du terrain
houiller. Il se répand dans les galeries
et forme avec l'air un mélange qui, au
contact d'une flamme, produit les terribles explosions connues sous le nom
de *feu grisou.*

On évite ces accidents par l'emploi d'une
lampe de sûreté (fig. 18), inventée en 1813,

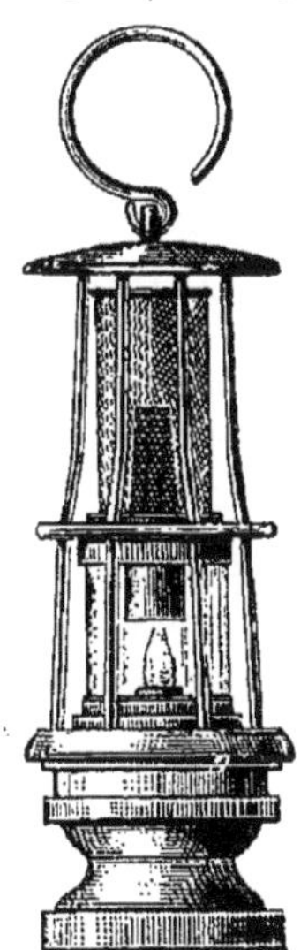

Fig. 18.
Lampe de Davy.

par le chimiste anglais *Davy*. Le gaz dangereux traverse la toile métallique et prend feu ; mais la flamme ne peut traverser les mailles de la toile, et la lampe s'éteint.

Gaz d'éclairage.

32. Préparation. — Le **gaz d'éclairage** est un mélange de divers carbures d'hydrogène. On le prépare en distillant de la houille dans de grands cylindres en terre ou en fonte (fig. 17 C). Les résidus de cette préparation sont le *coke*, les *goudrons*, les *eaux ammoniacales* : autant de produits industriels, qui ont aujourd'hui une grande importance.

Pour donner une idée de la préparation du gaz, il suffit de prendre une pipe en terre, d'en remplir le fourneau de houille pulvérisée, ou de râpures de liège sec, et de le fermer hermétiquement avec un peu de terre glaise. On met la pipe sur des charbons allumés, le gaz sort bientôt par le tuyau ; il s'enflamme aisément et brûle avec une lumière jaunâtre, parce qu'il n'est pas épuré (fig. 17 B).

Le gaz d'éclairage a été découvert en 1785, par le Français Philippe Lebon.

33. Usages. — Le gaz sert pour l'éclairage et le chauffage ; on l'utilise aussi pour le gonflement des ballons. Il remplace la vapeur dans les machines à mélange explosif.

Le gaz d'éclairage mélangé à l'air peut asphyxier en peu de temps, et produire de violentes explosions si l'on a l'imprudence de pénétrer dans l'appartement avec une bougie allumée. D'ailleurs, la présence de ce gaz se révèle par une odeur caractéristique.

Acétylène.

34. Préparation et usages. — L'acétylène est un carbure d'hydrogène que l'on obtient en décomposant, par l'eau, le *carbure de calcium*.

Le carbure de calcium est une matière grise et très dure
que l'on prépare dans un four électrique (fig. 19), en rédui-
sant la chaux par le charbon.

L'acétylène brûle avec une flamme blanche, douze fois plus
lumineuse que celle du gaz d'éclairage ; mais il faut employer

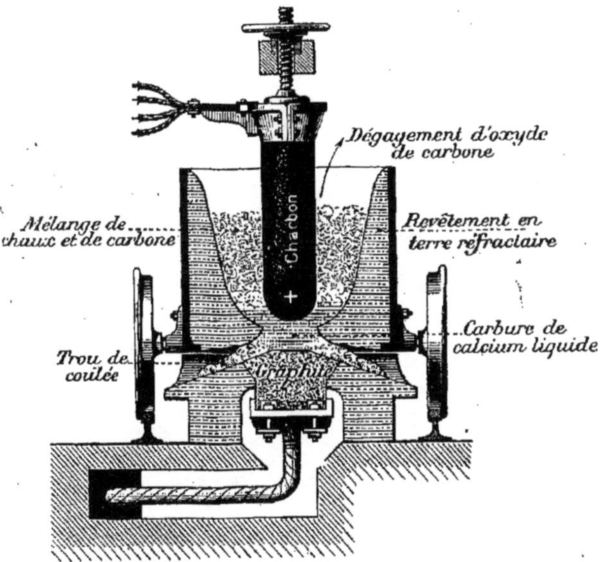

Fig. 19. — **Four électrique**
pour la production du **carbure de calcium.**

des becs à orifice très fin, pour que sa combustion soit complète. On s'en sert aussi dans les chalumeaux à mélange
d'air et d'oxygène, lorqu'on veut obtenir des chaleurs
intenses (3 5oo°).

Pétrole.

35. Caractères. — Le pétrole est un liquide formé
d'un mélange de carbures d'hydrogène ayant des points
d'ébullition très différents. Cette huile minérale, très
employée pour l'éclairage et le chauffage, forme d'importantes nappes souterraines en Amérique et dans la
région du Caucase. On l'extrait de puits forés qui sont
parfois très profonds (fig. 20).

En distillant le pétrole brut on obtient *l'essence de pétrole*, dont les moteurs industriels, les automobiles,

Fig. 20.

A. **Puits de pétrole** dans le Caucase. — B. **Lampe à pétrole.** —
C. **Automobile mise en mouvement par un moteur à pétrole.**

les aéroplanes, les ballons dirigeables, font une grande consommation.

RÉSUMÉ

On divise les charbons en charbons naturels et charbons artificiels.

Les charbons naturels sont : le diamant, le graphite, l'anthracite, la houille et la tourbe.

Les charbons artificiels sont : le coke, le charbon de bois, le noir animal et le noir de fumée.

Le gaz carbonique est une combinaison d'oxygène et de

carbone ; il est impropre à la respiration et à la combustion ;
on l'emploie dans la préparation des eaux gazeuses artificielles.

L'oxyde de carbone, qui se dégage dans la combustion
incomplète du charbon, est un poison violent.

Le formène ou gaz des marais se dégage dans les mines de
houille ; son mélange avec l'air produit les explosions de grisou.

Le gaz d'éclairage est un mélange de divers carbures d'hydrogène ; il brûle avec une flamme éclairante.

L'acétylène, gaz à flamme blanche très éclairante, s'obtient
en décomposant par l'eau le carbure de calcium.

Le pétrole existe en nappes souterraines ; il est employé
à l'éclairage, au chauffage et dans le fonctionnement des
moteurs industriels.

CHAPITRE III

SOUFRE. — PHOSPHORE. — CHLORE

Le Soufre et ses composés.

36. Caractères. — Le soufre est un corps solide, jaune et cassant ; il brûle à l'air avec une flamme bleuâtre, répandant une odeur suffocante due au *gaz sulfureux* qui se forme dans la combustion.

On le rencontre au voisinage des volcans, presque toujours mêlé à des matières terreuses dont on le sépare par distillation (fig. 21-1).

37. Usages. — Le soufre sert à la fabrication des

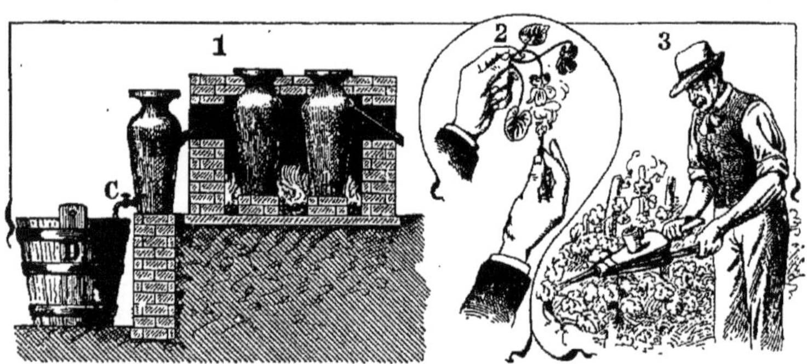

Fig. 21. — Le soufre.

1. *Raffinage du soufre :* le soufre, réduit en vapeur dans le récipient A, se condense dans le récipient B ; par le robinet C, il s'écoule dans le baquet D contenant de l'eau. — 2. Le *gaz sulfureux,* produit par la combustion du soufre, décolore la violette. — 3. *Soufrage* de la vigne avec la *fleur de soufre* (soufre en poudre fine).

poudres noires et des allumettes. On l'emploie pour combattre l'oïdium de la vigne et les autres maladies des végétaux, causées par de petits champignons (fig. 21-3).

38. Gaz sulfureux. — Le gaz sulfureux est une combinaison de soufre et d'oxygène. Ce gaz éteint les feux de cheminées, désinfecte les appartements, et possède un grand pouvoir décolorant, qu'on utilise pour blanchir la laine et la soie.

Une violette exposée à ce gaz devient blanche (fig. 21-2).

39. Acide sulfurique. — L'acide sulfurique contient plus d'oxygène que le gaz sulfureux et renferme de l'hydrogène. C'est un liquide qui brûle la peau, car bonise le bois, ronge la plupart des métaux.

L'acide sulfurique est le plus employé dans l'industrie. La France en consomme plus de 70 millions de kilogrammes par an.

Combiné avec le fer, il donne des cristaux verts de **sulfate de fer**, *ou couperose verte*, utilisés en teinture et dans la fabrication de l'encre. Ce corps est un désinfectant énergique, employé pour assainir les fosses d'aisance.

L'acide sulfurique, réagissant sur des déchets de cuivre, donne le **sulfate de cuivre**, ou *couperose bleue*. Ce produit est employé en teinture et surtout en agriculture, sous forme de bouillie, pour détruire les petits champignons qui attaquent la vigne. On injecte d'une dissolution de sulfate de cuivre les poteaux télégraphiques et les traverses de chemins de fer, pour les préserver de la pourriture et des insectes rongeurs.

40. Acide sulfhydrique. — L'acide sulfhydrique est une combinaison de soufre et d'hydrogène. Ce gaz se forme dans la décomposition des matières organiques contenant du soufre (œufs, fosses d'aisance).

Quelques eaux minérales, employées contre les maux de gorge, le contiennent en dissolution. Son odeur rappelle celle des œufs pourris. Il noircit l'argent, le plomb et toutes les peintures à base de céruse.

L'acide sulfhydrique est un gaz dangereux à respirer : il peut déterminer l'asphyxie en quelques minutes. C'est l'empoisonnement que les vidangeurs appellent le *plomb*.

Ce gaz, enflammé au contact de l'air, brûle avec une flamme bleue, et peut même provoquer une détonation.

Il est très imprudent de jeter du papier allumé dans les fosses d'aisance.

Phosphore.

41. Caractères et usages. — Le phosphore fut découvert en 1669 par Brandt, alchimiste de Hambourg. C'est un corps solide, d'un jaune pâle, très inflammable (fig. 22) et dangereux à manier; on doit le conserver dans l'eau. Ses brûlures sont difficiles à guérir. On l'extrait du phosphate de calcium contenu dans les os.

Fig. 22. — **Combustion du phosphore** dans l'air.

Le phosphore ordinaire (*phosphore blanc*) est un violent poison. Sous l'influence de la chaleur, il se transforme en *phosphore rouge*, non vénéneux, mais moins facile à enflammer.

Dans la fabrication des allumettes chimiques, on emploie aujourd'hui une composition, relativement inoffensive, dans laquelle entre du phosphore rouge.

Les phosphates de calcium fossiles sont des engrais qui restituent au sol les phosphates assimilés par les récoltes. On en trouve d'importants gisements en France, en Tunisie, en Algérie, en Espagne et en Angleterre.

Chlore.

42. Caractères et usages. — Le chlore est un gaz jaune verdâtre, lourd, d'une odeur suffocante qui provoque la toux. Il est assez soluble dans l'eau, et sert à décolorer les matières organiques, à blanchir les toiles, la pâte à papier, etc. C'est aussi un puissant désinfectant. On l'emploie surtout à l'état de *chlorure de chaux* pour ces *différents usages*.

RÉSUMÉ

Le soufre est un corps combustible que l'on extrait des terrains volcaniques.

Le gaz sulfureux se dégage de la combustion du soufre.

L'acide sulfurique est un liquide composé de soufre, d'oxygène et d'hydrogène. Combiné au fer et au cuivre, il forme des sulfates de fer et de cuivre.

L'acide sulfhydrique est produit par la décomposition des matières organiques renfermant du soufre.

Le phosphore est un corps très inflammable. On l'extrait du phosphate de calcium contenu dans les os.

Le chlore, gaz verdâtre et lourd, est un décolorant et un désinfectant énergique.

CHAPITRE IV

MÉTAUX

43. État naturel. — A la température ordinaire, tous les **métaux** sont *solides*, à l'exception du mercure qui est *liquide*.

Quelques métaux, comme le cuivre, l'or, l'argent, peuvent se trouver dans la nature à l'*état natif*, c'est-à-dire à l'état de pureté. Les autres sont combinés avec l'oxygène, le soufre, le chlore, etc.

Ces composés métalliques, accumulés dans des poches du sol ou dans des fentes (*filons*) de l'écorce terrestre, constituent les **minerais** d'où l'on extrait les différents métaux.

En chauffant un minerai avec des substances qui lui enlèvent les métalloïdes qu'il contient, on obtient le métal à l'état de pureté.

Cette industrie importante se nomme la **métallurgie**.

44. Alliages. — La plupart des métaux sont rarement utilisés à l'état pur ; on emploie plutôt des mélanges ou **alliages** de plusieurs métaux.

Ces alliages ont des propriétés différentes de celles des métaux qui les composent.

Le *bronze* est un alliage de cuivre et d'étain.

Le *laiton*, ou cuivre jaune, est un alliage de cuivre et de zinc.

Le *maillechort*, blanc et sonore comme l'argent, est un alliage de cuivre, de zinc et de nickel.

Les *monnaies* sont des alliages d'or, d'argent et de cuivre.

Quelques métaux, tels que le fer, le cuivre, s'altèrent facilement à l'air; on les protège en les recouvrant d'une mince couche d'un métal moins altérable, comme l'étain, le nickel.

On *étame* la tôle de fer, qui devient le *fer-blanc*, et les ustensiles de cuivre qui servent à la cuisine.

Les fils des lignes télégraphiques aériennes sont des fils de fer *galvanisés*, ou recouverts d'une mince couche de zinc.

On *nickèle*, on *argente*, on *dore* aujourd'hui un grand nombre d'objets métalliques.

45. Principaux métaux. — Les métaux les plus importants par leurs applications sont : le potassium, le sodium et le calcium dans leurs composés; le fer, le cuivre, le plomb, le zinc, l'étain, le mercure, l'argent, l'or, le platine, l'aluminium, le nickel.

Potassium et sodium.

46. Caractères. — Le potassium et le sodium sont des métaux blancs, ayant la consistance de la cire. Ils décomposent l'eau à la température ordinaire, en donnant de la **potasse** ou de la **soude** (fig. 23).

47. Composés du potassium. — Les composés les plus importants du *potassium* sont : le **carbonate de potassium**, employé dans la fabrication du cristal et celle des savons mous ; l'**azotate de potassium** ou *salpêtre*, qui entre dans la composition de la poudre au charbon.

Fig. 23.
Décomposition
de l'eau
par le
potassium.

48. Composés du sodium. — Les principaux composés du sodium sont : le **carbonate de sodium**, employé dans le blanchissage sous le nom de *cristaux de soude*, dans la fabrication des savons durs et du

Fig. 24. —Intérieur d'une verrerie.

Fig. 25. — Le chlorure de sodium. — Marais salants. —
C. Cristal de sel marin, très grossi.

verre ordinaire (fig. 24); et le chlorure de sodium ou **sel marin**.

Le *chlorure de sodium* s'extrait des eaux de la mer, qui en contiennent 25 à 30 grammes par litre. Cette extraction se fait pendant l'été dans les **marais salants**, où le sel se dépose par l'évaporation de l'eau (fig. 25).

Ce sel se trouve encore en masses considérables dans le sol, d'où on le retire sous le nom de **sel gemme**.

Fer.

49. Caractères et usages. — Le fer est un métal gris bleuâtre, dur, très ductile et très malléable, d'une grande résistance.

Fig. 26. — **Haut fourneau** pour la fabrication de la fonte.
La combustion est activée par de l'air surchauffé qu'envoient des machines soufflantes.

Le martelage à chaud rend le fer fibreux. Chauffé au rouge blanc, il se ramollit et se soude à lui-même avec facilité.

On le connaît depuis la plus haute antiquité. C'est le plus utile et le plus commun des métaux industriels.

Il sert à la construction des machines, des ponts, des poutres de planchers, des charpentes de toiture, des outils de toutes sortes.

Pour le préserver de l'oxydation (*rouille*), on recouvre sa surface de zinc (*galvanisation*), d'étain (*étamage*), d'une couche de minium (*oxyde de plomb*) ou d'un corps gras.

50. Hauts fourneaux. — Les *minerais de fer* sont très abondants dans la nature. On les traite dans les **hauts fourneaux** avec un *fondant* (calcaire ou silice) et du charbon ou du coke (fig. 26).

51. Fonte. — Au sortir du haut fourneau, le métal fondu renferme de 2 à 6 %, de carbone, c'est la **fonte**.

Après une deuxième fusion, la fonte purifiée peut être coulée pour faire différents objets : poêles, marmites, tuyaux, grilles et balcons, etc.

Fig. 27. — **Laminoir** pour réduire les métaux en feuilles (tôles) ou en barres (fers ronds, carrés, etc., rails, poutres métalliques).

52. Acier. — La fonte en fusion, traversée par un vif courant d'air, perd une partie de son carbone et devient

l'**acier**, qu'on peut mouler, laminer ou forger, lorsqu'il
est encore chaud (fig. 27 et 28).

On obtient aussi l'acier en ajoutant un peu de carbone au fer porté à une haute température.

L'acier, chauffé et refroidi brusquement, devient dur, élastique ; c'est l'**acier trempé**, très employé pour faire

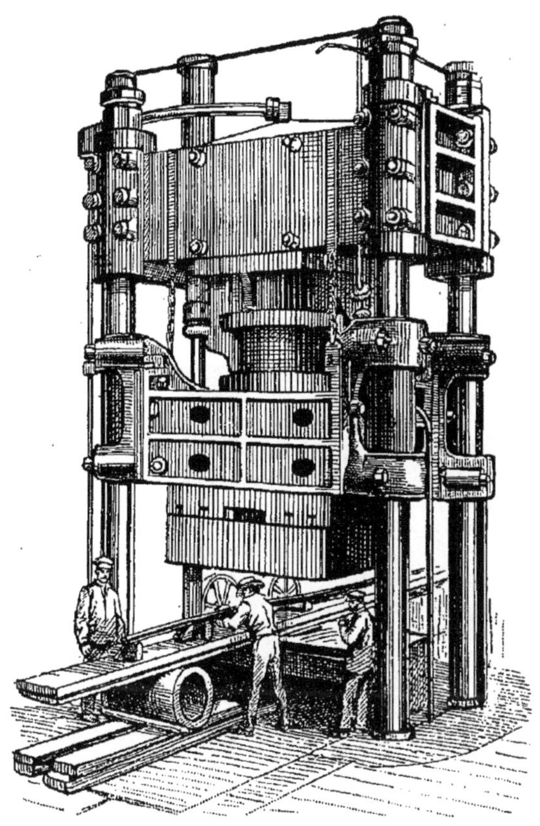

Fig. 28. — **Presse hydraulique à forger**, pour le travail du fer et de l'acier. — Sous l'action de l'eau comprimée, une énorme masse d'acier (le marteau) vient comprimer graduellement la pièce à forger en produisant une pression de plusieurs milliers de tonnes.

des ressorts, des couteaux, des armes, des canons, des blindages de navires, etc.

53. Fer doux. — Quand on brûle le carbone de la fonte en fusion, avec des scories (*affinage*), on obtient le **fer** ordinaire ou **fer doux**, employé dans la ferronnerie d'art et les électro-aimants.

Cuivre.

54. Caractères et usages. — Le cuivre est un métal rouge, plus dur que l'étain et moins dur que le fer, bon conducteur de la chaleur et de l'électricité. Il est très ductile et très tenace, on peut l'étirer en fil assez fin ou le laminer en plaques minces.

Sous l'action du gaz carbonique et de l'air humide, il s'altère rapidement et se couvre de *vert-de-gris*, qui est un violent poison.

Il sert à la fabrication des ustensiles de ménage, des chaudières et des alambics.

Il entre dans la composition d'un grand nombre d'alliages, dont les principaux sont le *bronze* et le *laiton*.

Fig. 29. — Objets en **cuivre**.   Fig. 30. — Objets en **plomb**.

Plomb.

55. Caractères et usages. — Le plomb est gris bleuâtre, brillant lorsqu'il est fraîchement coupé. C'est le moins dur de tous les métaux usuels : on peut le

ployer avec les doigts, le rayer à l'ongle, le couper avec
un couteau. Il est très vénéneux (*coliques de plomb*).

On l'utilise pour fabriquer des tuyaux destinés à conduire l'eau ou le gaz d'éclairage ; pour fondre des balles, du
plomb de chasse. Il entre dans l'alliage des caractères d'imprimerie.

Ses composés, la *céruse* et le *minium*, servent en peinture ;
mais la céruse est d'un emploi dangereux.

Zinc.

56. Caractères et usages. — Le zinc, d'un blanc
gris, est moins dur que le fer ; il est très cassant.

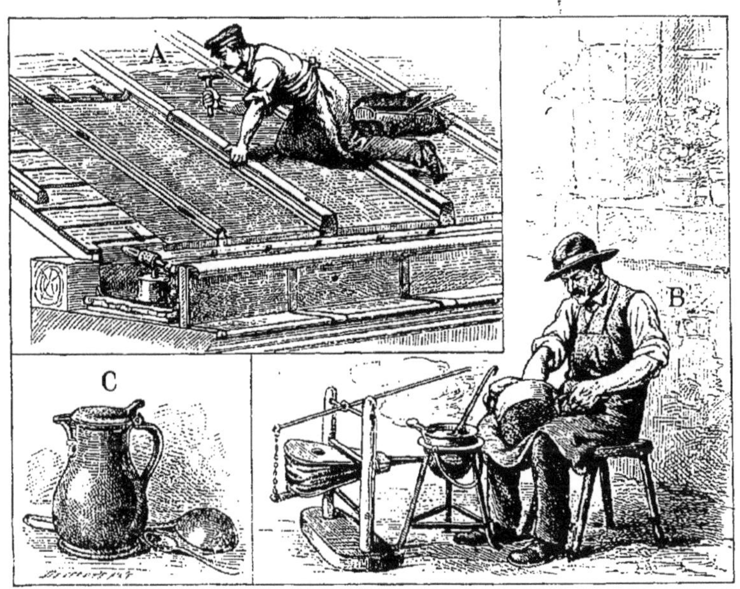

Fig. 31.

A. Travail du zingueur. — B. Travail de l'étameur. — C. Ustensiles en étain.

Il sert à fabriquer des arrosoirs, des baignoires, à
couvrir les toits, à *galvaniser* le fer. Il ne peut pas
servir à fabriquer des instruments de cuisine, parce
qu'il forme avec les acides des sels vénéneux.

Étain.

57. Caractères et usages. — L'étain est un métal blanc, très malléable, mais peu tenace; il ne s'altère pas au contact de l'air. C'est le plus fusible des métaux communs; il fond à 228°.

On en fabrique des ustensiles de table, des mesures pour les liquides. On l'emploie pour *étamer* les objets en cuivre ou en fer, et les préserver ainsi de l'oxydation. Réduit en feuilles minces, il sert à envelopper le chocolat, le fromage, le saucisson, etc.

Il entre dans la composition du bronze, de la soudure des plombiers. On l'associe au mercure pour l'étamage des glaces.

Mercure.

58. Caractères et usages. — Le mercure, ou *vif-argent*, est liquide à la température ordinaire, mais se solidifie à — 40°. Il a l'éclat de l'argent.

Il possède la propriété de dissoudre l'or et l'argent et de s'en séparer par distillation; ce qui le fait employer dans l'extraction de ces deux métaux précieux.

Il sert dans la construction de plusieurs instruments de physique, spécialement les baromètres et les thermomètres.

Le mercure et la plupart de ses composés sont de violents poisons.

Argent.

59. Caractères et usages. — L'argent est un métal blanc et brillant, sonore, très ductile et très malléable. Il est inaltérable à l'air, même humide; mais il noircit au contact de l'acide sulfhydrique. On le rencontre quelquefois à l'*état natif;* mais le plus souvent il existe à l'état de *sulfure*, surtout au Mexique, au Chili et au Pérou.

Allié à un peu de cuivre, pour lui donner de la dureté, il sert à la fabrication des monnaies et des objets d'orfèvrerie.

Or.

60. Caractères et usages. — L'or est jaune, il est inaltérable à l'air et brille d'un remarquable éclat. C'est le plus malléable et le plus ductile de tous les métaux.

Fig. 32. — Objets en or.   Fig. 33. — Objets en **argent.**

On peut le réduire en feuilles de $1/10\,000$ de millimètre d'épaisseur. Un gramme d'or peut être étiré en un fil de 3 kilomètres de long.

On le trouve, à l'état de *paillettes*, dans les sables d'alluvions, provenant de quelques roches. Beaucoup de rivières roulent aussi des sables aurifères.

Les sables sont soumis à un fort courant d'eau qui entraîne les matières terreuses; les parties les plus denses sont traitées par le mercure; l'amalgame obtenu est ensuite distillé.

Les roches aurifères sont finement pulvérisées, et traitées par le cyanure de potassium.

L'or vient surtout de l'Afrique australe, des États-Unis et de l'Australie.

La dorure, la fabrication des monnaies, des médailles, des bijoux, des pièces d'orfèvrerie, en utilisent la majeure partie.

Platine.

61. Caractères. — Ce métal est blanc, brillant, ductile et malléable, mais très difficile à fondre. C'est le plus lourd des métaux employés ; il pèse environ 22 fois plus que l'eau. On le trouve dans des sables de Russie ; il est presque toujours associé à d'autres métaux rares.

Les étalons du mètre, qui ont été distribués aux nations ayant adopté le système métrique français, sont en alliage de platine et d'iridium.

Aluminium.

62. Caractères et usages. — L'aluminium est un métal blanc, très léger, sonore, tenace et malléable. Toutes les terres argileuses en contiennent. On l'extrait aujourd'hui de la *bauxite* (minerai contenant de l'alumine et du fer) et de la *cryolithe* (composé d'aluminium, de fluor et de sodium), par le procédé du four électrique.

Son inaltérabilité et sa légèreté le font employer pour la fabrication des couverts de table, des boîtes, des montures de divers instruments.
L'alliage de cuivre et d'aluminium (*bronze d'aluminium*) sert à fabriquer des appareils de physique, des ustensiles, des médailles, des pièces de bijouterie et d'orfèvrerie communes.

Nickel.

63. Caractères et usages. — Le nickel est un métal d'un gris blanchâtre, brillant et résistant. Il est plus tenace que le fer, et se forge avec une grande facilité. Le minerai de nickel abonde en Nouvelle-Calédonie.

On l'utilise pour fabriquer des monnaies, des instruments de physique et de chirurgie, et pour recouvrir d'une couche résistante quelques métaux moins durs (procédé du *nickelage*).

RÉSUMÉ

Les métaux sont solides, à l'exception du mercure, qui est liquide.

Les minerais sont les roches d'où l'on extrait les métaux.

Les alliages sont des mélanges de plusieurs métaux.

Les métaux les plus importants sont : le potassium, le sodium, le fer, le cuivre, le plomb, le zinc, l'étain, le mercure, l'argent, l'or, le platine, l'aluminium, le nickel.

Les plus importants composés du potassium sont le carbonate de potassium (potasse du commerce) et l'azotate de potassium (salpêtre).

Les principaux composés du sodium sont le carbonate de sodium (soude du commerce) et le chlorure de sodium (sel commun), qui s'extrait des marais salants ou des mines de sel gemme.

Le fer est le plus utile des métaux. On l'obtient à l'état de fonte et d'acier.

Le cuivre pur est rouge ; il entre dans la composition d'un grand nombre d'alliages.

Le plomb est gris bleuâtre. C'est un métal lourd, le moins tenace des métaux usuels.

Le zinc est utilisé pour les toitures et la fabrication des réservoirs à eau.

L'étain, peu altérable à l'air et très fusible, sert à fabriquer des mesures métriques, à étamer les ustensiles de cuivre ou de fer ; on le lamine en feuilles très minces.

Le mercure est employé pour la construction des thermomètres et des baromètres.

L'argent, l'or, le platine, sont des métaux rares et précieux.

L'aluminium et le nickel reçoivent aujourd'hui un grand nombre d'applications industrielles.

TABLE ALPHABÉTIQUE

www.ingramcontent.com/pod-product-compliance
Ingram Content Group UK Ltd.
Pitfield, Milton Keynes, MK11 3LW, UK
UKHW020146130726
13696UKWH00002B/409